Christine Schneider

Wildkräuter finden!

Mit Illustrationen von Daniel Stieglitz

Ulmer

Auf zum Kräutersammeln

Gute Gründe

Wildkräuter sind gesund, leicht zu bekommen, lecker, etwas Besonderes und noch dazu umsonst. Das Sammeln bringt Bewegung in müde Glieder und verschafft Ihnen eine kleine Frischluftkur. Dann nichts wie los! **Seite 4**

Noch Fragen?

Das war lecker und hat Spaß gemacht! Sie wollen in Zukunft öfter Wildpflanzen genießen und sich ins Thema vertiefen. Hier finden Sie Tipps, wie Sie an botanisches und kulinarisches Expertenwissen kommen. **Seite 118**

Wann und wo suchen?

Es ist Frühling – die beste Zeit zum Kräutersammeln. Sie schnappen sich eine Tüte und dieses Büchlein und starten Ihre Sammeltour. Die ersten essbaren Pflänzchen entdecken Sie schon im Vorgarten: Gänseblümchen, Löwenzahn und einiges andere Grün lacht Sie an. **Seite 10**

Richtig bestimmt und gesammelt

Jetzt ist nur noch die Frage: Welche Pflanzen sind wirklich essbar, welche nicht und was ist sonst noch zu beachten? Sie studieren zunächst die Anleitung zum sicheren Erkennen und Sammeln, damit Sie sich und der Natur keinen Schaden zufügen. **Seite 20**

Das Who-is-who der Besten

Ganz genau vergleichen Sie die Merkmale in Text und Bild in diesem Kräuterbuch mit denen Ihrer gefundenen Pflanzen und schließen giftige Doppelgänger aus. Zur Stärkung zwischendurch wird schon mal gekostet. Ehe Sie sich versehen haben Sie neun verschiedene Kräuter zusammen. **Seite 32**

Vom Korb auf den Teller

Das erntefrische Sammelgut bringen Sie nach Hause, schnipseln es klein und zaubern daraus eine Neunkräutersuppe nach uraltem Rezept. Die hilft gegen Frühjahrsmüdigkeit und macht stolz: Schließlich ist sie Ihr allererstes selbst gemachtes Wildkräutergericht. **Seite 100**

Gute Gründe

Man muss sie einfach lieben

Es ist völlig unverständlich, dass das Wissen über das Sammeln und Zubereiten von wilden Kräutern so sehr in Vergessenheit geraten ist. Dabei haben sie – neben ihrem Geschmack – so viele gute Eigenschaften, die ihnen keiner nachmacht.

Guter Stoff

Während Kulturkräuter in erster Linie schön aussehen müssen und große Erträge bringen sollen, stellen sich Wildkräuter ganz anderen Herausforderungen. Keiner gießt sie, sticht lästige Konkurrenten aus oder schützt sie vor bedrohlichen Fressfeinden. Sie müssen sich schon selber helfen. Das gelingt ihnen auch, da eben niemand wichtige Inhaltsstoffe für das Überleben in der freien Wildbahn weggezüchtet hat. So kommt es, dass Wildpflanzen viel höhere Konzentrationen an Ballaststoffen, Vitaminen und Spurenelementen haben, die auch für uns Menschen gesundheitsfördernd sind.

Frisches für Faule

Gartenfrisch auf den Tisch – tja, wie oft können Sie das von Ihrer Mahlzeit behaupten? Bis gekauftes Gemüse vom Feld oder Gewächshaus auf Ihrem Teller landet, können leicht einige Tage vergehen. Wer sein Grünzeug selbst im Garten anbaut, ist da natürlich besser dran, allerdings ist das nichts für Vielbeschäftigte. Für

Noch ein Frischetipp

Frischer als die Luft im Supermarkt ist die unter freiem Himmel. Genießen Sie den vielen Sauerstoff und die herrlichen Farben beim „Gemüsebesorgen“ in der Natur ... so sparen Sie sich teure Wellnessaktionen als Ausgleich.

Wildkräutersammeln kann schnell zur Leidenschaft werden.

Wildgemüse und -salate brauchen Sie die Wochen und Monate vor der Ernte keinen Finger krumm zu machen.

Bio to go

Sofern Sie nicht am Feld- oder Straßenrand sammeln und dabei ein bisschen auf Nachhaltigkeit achten, können Sie sich auf unbelastetes Essen freuen, das Sie mit reinem Gewissen genießen können. Für so ein gutes Gefühl ist kein Biobauer und kein Reformhaus, kein Ressourcenmanagement und kein fairer Handel nötig. Sie beziehen Ihre umwelt- und sozialverträgliche Biokost von bester Qualität einfach im Vorbeigehen.

Über Geschmack ...

... lässt sich ja bekanntlich immer streiten, so auch bei wildem Grün. Doch schmecken soll es Ihnen natürlich, sonst nützen die vielen tollen Eigenschaften wenig. Damit die Wildkräuter Ihnen oder Ihren Gästen auch wirklich Genuss versprechen, hier ein paar Tipps.

Ausprobieren

Wildpflanzen sind den meisten Menschen geschmacklich unbekannt. Für den einen schmecken manche Pflanzen beim ersten Probieren erstaunlich gut, für den anderen eher seltsam, für den nächsten „irgendwie nach nichts". Bei vielen Menschen entwickelt sich aber eine gewisse Vorliebe auch erst nach mehreren Versuchen.

Tasten Sie sich erst langsam heran, dann kann die Liebe wachsen.

Da hilft nur eins: langsames Herantasten in kleinen Schritten. Sammeln Sie also von einer Pflanze, deren Geschmack Sie noch nicht kennen, erst einmal wenig und probieren Sie nach und nach verschiedene Zubereitungsarten aus. So finden Sie garantiert Ihre wilde Leibspeise.

Blüten verwandeln jede Mahlzeit in eine Augenweide.

Kombinieren

Nur weil Wildpflanzen viele gute Eigenschaften haben, heißt das nicht, dass sie immer am besten pur zu genießen sind. Erstens kann so eine Ernte für die ganze Familie eine recht mühsame Geschichte werden und zweitens haben viele einen sehr intensiven Geschmack und sind solo nicht unbedingt ein kulinarischer Hochgenuss. Abgesehen davon können die Inhaltsstoffe mancher Kräuter in solch geballter Form auch Schaden anrichten.
Praktischer und meist viel leckerer ist es daher, die selbst gesammelten Kräuter mit Gekauftem zu kombinieren. Wenn Sie eine Pflanze dann erst einmal liebgewonnen haben, lässt sich ja die Dosis immer noch erhöhen.

Verzieren mit Blüten

Das Auge isst mit, also nutzen Sie die Gelegenheit und garnieren Sie ihre Gerichte mit wilden Blüten. Meistens sind sie mild im Geschmack. Der angenehme Nebeneffekt: Ihr Gericht sieht richtig gut aus und wird mit Sicherheit Gesprächsthema.

Wann und wo suchen?

Sie sind immer da

Wildkräuter haben praktisch immer Saison. Das Frühjahr hat besonders viel zu bieten, erstaunlicherweise findet man aber auch so manches essbare Pflänzchen im Winter. Tageszeiten spielen nur eine untergeordnete Rolle. Es kann also sofort losgehen!

Das Wiesenschaumkraut ist ein Frühlingsbote.

Jedem Kraut seine Zeit

Im Frühjahr, Sommer und Herbst kann sich jeder frische Wildpflanzen vorstellen. Doch selbst im Winter bietet uns die Natur lebendige Nahrung.

Jede Pflanze hat dabei ihren eigenen Zeitplan, wann sie grünt, blüht, Früchte trägt und in welcher Form sie über den Winter kommt. Der Geschmack kann je nach Alter der Pflanze und Jahreszeit variieren. Wann die beste Zeit zum Sammeln des jeweiligen Pflanzenteils ist, finden Sie bei den vorgestellten Arten (ab Seite 34) unter dem Stichwort Sammelzeit und in der Übersicht auf der hinteren Umschlaginnenseite. Hier erst einmal ein kleiner Vorgeschmack, auf was Sie sich wann freuen können.

Wenn die Zeit rast

Sie haben die Bärlauchzeit um ein Haar verpasst? Suchen Sie einfach in höheren Lagen. In den Mittelgebirgen kehrt der Frühling etwas später ein, da gedeihen die Pflanzen um wenige Wochen zeitversetzt.

Frühling

Das Wildkräuterangebot im Frühling ist unübertroffen. Viele besonders beliebte Pflänzchen sind jetzt am besten zu sammeln: Bärlauch, Giersch, Knoblauchsrauke und viele mehr haben im Frühling Hochsaison.

Sommer

Der Sommer fängt schon einmal gut an: mit der Holunderblüte, dem offiziellen botanischen Zeichen dafür, dass die wärmste Jahreszeit eingekehrt ist. Nun gedeihen aber auch die würzigen Kräuter wie Thymian und Wilder Majoran. Sie und viele weitere Pflanzen, die jetzt zu ernten sind, machen aus jeder Kräuterbutter fürs Grillfest etwas Besonderes.

Der Sommer lockt mit besonders aromatischen Kräutern wie dem Thymian.

Herbst

Im Herbst sind vor allem Wurzeln gut zu sammeln, weil diese jetzt die ganze Kraft aus Frühling und Sommer gespeichert haben. Wie wäre es mit einer wärmenden Suppe aus Pastinak? Für die Vorspeise finden sich noch immer viele Blätter und Blüten, die einen farbenfrohen Salat ergeben.

Winter

Gundermann steht sogar im Winter bereit.

Manche essbaren Pflanzen gibt es sogar im Winter. Achten Sie einmal darauf: Gänseblümchen zum Beispiel blühen das ganze Jahr, Gundermann und Taubnessel sind irgendwie immer da. Theoretisch ist auch unter der Schneedecke einiges zu finden. Da diese aber die Pflanzen vor Kälte schützt und das Sammeln recht ungemütlich macht, ist es sinnvoll, auf die nächste schneefreie Phase zu warten. Im Allgemeinen sind die Kräutlein im Winter weniger zart.

Tageszeit und Wetter

Tatsächlich schmecken Wildpflanzen je nach Tageszeit und Wetter leicht unterschiedlich. Probieren Sie es aus: Die Knoblauchsrauke zum Beispiel ist am Mittag in der prallen Sonne viel aromatischer als bei feuchtem Wetter oder am Morgen.
Trotzdem brauchen Sie die Sammelei auch nicht zu kompliziert machen. Beherzigen Sie einfach die folgenden Grundregeln und ziehen Sie los, wenn Sie Zeit und Muße haben.

- Die meisten Kräuter sind in den **Vormittagsstunden** am besten: Nicht mehr feucht, schön knackig und reich an Vitalstoffen.
- Pflanzenteile, die **getrocknet** werden sollen, sammeln Sie am besten so trocken wie möglich: Der Tau sollte verdunstet sein und im Idealfall die Sonne kräftig scheinen.

- **Nasse** Pflanzen sind nur kurze Zeit haltbar. Daher empfiehlt es sich, sie gleich zu verarbeiten.
- Viele essbare **Blüten** sind erst nach einigen Stunden Tageslicht gänzlich geöffnet und entfalten dann ihr volles Aroma.

Nach wenigen Sonnenstunden sind die meisten Blüten voll geöffnet.

Warum in die Ferne schweifen ...

Das Wildkräuterfinden kann so einfach sein. Die meisten der gesunden Leckereien finden Sie direkt in Ihrem Vorgarten – zumindest, solange der Rasen nicht allzu „englisch“ ist. Andere essbare Pflanzen leben in wilderer Umgebung.

Vorlieben und Notwendigkeiten

Jedes Lebewesen stellt andere Ansprüche an seine Umgebung. Bei den Pflanzen ist das wie bei den Menschen: Manche sind nur an bestimmten Orten vital und glücklich, andere sind die reinsten – und so nennen das auch die Botaniker – Kosmopoliten.

Glücklich ist der, dessen Rasen nicht an eine Monokultur erinnert.

Damit nun auch Sie durch Wildkräuter aus Ihrer direkten Umgebung vital und glücklich werden, stellt dieses Buch nur Pflanzen vor, die sich in Mitteleuropa an vielen Orten wohlfühlen. „An vielen Orten" ist natürlich relativ: Waldmeister und Bärlauch zum Beispiel bevorzugen ganz klar schattige und feuchte Plätze, während der Wilde Thymian die pralle Sonne braucht. Die ausgewählten Pflänzchen sind also nicht überall, aber wahrscheinlich nicht weit weg.

Direkt vor der Tür

Die meisten dieser häufigen essbaren Wildpflanzen, bei denen obendrein die Verwechslungsgefahr gering ist, finden Sie tatsächlich in Ihrem Vorgarten oder auf der nächstbesten Wiese. Gänseblümchen, Löwenzahn, Giersch und Gundermann etwa besiedeln jedes nicht übermäßig gepflegte Eckchen.
Deshalb: Sparen Sie sich die Arbeit, jeden Quadratzentimeter Ihres Grundstücks von vermeintlichem „Unkraut" zu befreien. Sehen Sie es sich lieber einmal genauer an und prüfen Sie mit einem Buch wie diesem, ob es essbar ist. Und dann ernten und genießen Sie es einfach, wenn die Zeit gekommen ist.

Kräuter in der Stadt

Erstaunlicherweise gibt es gerade in Städten gute Sammelplätze. Brach liegende Flächen, Parks und Gärten sind häufig weder gedüngt noch gespritzt. Mit etwas Abstand zur Straße sind sie der optimale Ort für eine vielfältige Flora.

Wo lieber nicht?

Es ist wie es ist: Wir sind nun einmal nicht alleine auf dieser Welt. Da gibt es zum Beispiel Wildbienen und Schmetterlinge, Autos, Traktoren und Hunde ... An die sollten Sie kurz denken, wenn es in der Pflückhand kribbelt.

Respekt!

Bunte Blumenwiesen mit unzähligen feinen Wildkräutern so weit das Auge reicht – wo gibt es so etwas heute noch? Leider sind sie ziemlich selten geworden, vor allem, weil unsere Wiesen häufig überdüngt sind. So eine Überdosis an Nährstoffen vertragen eben nur wenige Kräuter. Das Ergebnis: Die Vielfalt an Pflanzen und folglich auch an Tieren nimmt deutlich ab, die Wiese wirkt eher monoton. Für unsere Natur sind die wenigen prächtig bunten Flecken besonders wertvoll und werden daher häufig unter Naturschutz gestellt. Da wäre es doch schade (und ganz nebenbei auch strafbar), wenn wegen ein paar Allerweltskräutern ein Stück der schönen Natur zertrampelt würde oder jemand den Wildbienen und Schmetterlingen die Nahrung wegnimmt. **Naturschutzgebiete** sind für den Kräutersammler also schlicht tabu.

Auch Schmetterlinge wollen vom süßen Klee naschen.

Ungesund

Vor allem **neben Straßen**, **Äckern** und **gedüngten Wiesen** ist das Sammeln nicht ratsam. Dort sind zu viele Abgase oder Spritzmittel in der Luft, die Sie beim Genuss Ihres Wildgemüses mitschlucken würden. Halten Sie lieber Ausschau nach einem wirtlicheren Plätzchen ohne Autolärm und Gülleduft.

Schmeckt nicht

Auf den Spazierrouten der frischluftbedürftigen Bevölkerung Wildkräuter zu sammeln ist so eine Sache. Denn auf diesen gut frequentierten **Gassistrecken** haben ja so einige Hunde ihre Spur hinterlassen. Und wenn Sie sich jetzt vorstellen, dass Sie dort Ihr Abendessen sammeln, wo vorher ... nein, lieber nicht. Suchen Sie einfach entlang ruhigeren Wegen oder pflücken Sie eben nur, was eindeutig über „Pinkelhöhe" liegt. So vermeiden Sie auch eine Fuchsbandwurminfektion durch größere Hunde-Hinterlassenschaften.

Achtung: Hier könnte gespritzt und gedüngt worden sein.

Richtig bestimmt und gesammelt

Sicherheit geht vor

Bei allen Verlockungen der schönen Natur und der Vorfreude auf den Genuss – Ihre Gesundheit muss immer an oberster Stelle stehen! Beherzigen Sie daher bitte die folgenden Ratschläge und Sie können durch Wildpflanzen praktisch nur gesünder werden.

Gift-Grün

Das A und O beim Kräutersammeln ist es, die giftigen von den essbaren unterscheiden zu können – diese Fähigkeit kann immerhin über Leben und Tod entscheiden! Aber keine Angst, nur wenige Schritte sind zu verinnerlichen, damit Sie unversehrt bleiben:

1. Setzen Sie sich mit diesem Buch an ein gemütliches Plätzchen und lesen Sie alle Hinweise zum Bestimmen und Sammeln aufmerksam durch.
2. Suchen Sie nur in Gebieten, die weder gespritzt noch abgasbelastet sein können.

3. Vergleichen Sie alle Merkmale im Text und die Fotos mit Ihrem Fundstück und prüfen Sie, ob auch wirklich alles zueinander passt. Ist es auch sicher nicht der giftige Doppelgänger?
4. Wenn Sie sich nicht ganz und gar sicher sind, dass die Pflanze essbar ist, lassen Sie sie lieber stehen. Es gibt keinen Grund, ein Risiko einzugehen.
5. Ist die Pflanze zweifelsfrei bestimmt, haben Sie den ersten Schritt geschafft. Jetzt müssen Sie nur noch wissen, ob die Kräuter roh und in jeglichen Mengen unschädlich sind. Je nachdem kann dann gesammelt und genascht werden.

Zeckenalarm

Sie sind meistens eher lästig als gefährlich, doch in Sachen Zecken sollten Sie nichts riskieren, denn sie können üble Krankheiten übertragen. Immerhin gibt es gegen FSME einen Impfstoff, gegen Borreliose leider nicht. Also heißt es vorbeugen: Wenn möglich nur mit langen Klamotten durchs Gras streifen und nach dem Ausflug den ganzen Körper von Kopf bis Fuß nach unbekannten dunklen Punkten absuchen.

Schauen Sie ganz genau hin, damit es nicht zu unangenehmen Verwechslungen kommt.

Fuchsbandwurm

Leider haben sich in den letzten Jahrzehnten schaurige Geschichten um den Fuchsbandwurm in unser Gedächtnis geprägt. Sicher, eine Fuchsbandwurminfektion ist gefährlich und jeder muss letztendlich selbst entscheiden, wie er mit der Gefahr einer Ansteckung umgeht. Die Tatsachen sprechen aber dafür, die Angst vor einer Ansteckung über Wildpflanzen endlich abzulegen:

- Fuchsbandwurm-Infektionen sind extrem selten. Es gibt in Deutschland nicht mehr als **25 Fälle pro Jahr**.
- Experten haben **keinen Zusammenhang** zwischen den Infektionen und erhöhtem Wildpflanzen- oder Pilzkonsum gefunden. Dagegen warnen sie vor der Ansteckungsgefahr durch Hunde und Katzen.
- Füchse sind heute überall häufig, auch in unseren Städten. Wer also den Fuchsbandwurm fürchtet, dürfte auch kein **rohes Obst und Gemüse aus dem Garten und vom Feld** verzehren.

Bestimmen Schritt für Schritt

Die wichtigsten essbaren Wildkräuter von den giftigen unterscheiden kann nicht jeder – aber jeder kann es lernen. Halten Sie sich einfach ganz genau an die folgende Anleitung, dann kann nichts mehr schief gehen – versprochen!

Als allererstes: Das Verdachtsmoment

Ohne Verdacht keine Beweisführung – aber wie können Sie Verdacht schöpfen?
Möglichkeit 1: Sie vergleichen Blütenfarbe und Blattform mit den Fotos im Buch und landen schließlich bei einem Foto, das auf den ersten Blick große Ähnlichkeit mit Ihrem Fundstück hat.
Möglichkeit 2: Ihnen kommt die Pflanze irgendwie bekannt vor und Sie schlagen im Buch das entsprechende Porträt direkt auf.

Zweitens: Der grobe Überblick

Aus ein/zwei Schritten Distanz erkennen Sie schon wesentliche Merkmale, die Sie mit dem Foto und den Texten abgleichen können:
Welche **ungefähre Form** hat die Pflanze? **Wie groß** ist sie? Steht sie **aufrecht oder kriecht** sie eher am Boden? In welchem **Lebensraum** steht das Pflänzchen: Am Wald oder auf der Wiese?

Drittens: Genauer betrachtet

Von Nahem überprüfen Sie den Rest der im Porträt aufgeführten Kennzeichen.

Noch viel wichtiger als die **Farbe, Größe und Form der Blüten** sind die **Merkmale der Blätter**: Ob immer zwei **gegenüber stehen** oder sie **abwechselnd** am Stiel sitzen, ob sie einen **Blattstiel** haben, wie der **Blattrand** und die **Oberfläche** aussehen und natürlich welche **Form und Größe** sie haben, ist häufig absolut entscheidend. Bei essbaren Wildpflanzen ist oft auch der **Geruch** ein wesentliches Kennzeichen.
In manchen Fällen, wie beim Bärlauch, ist die Blüte zur Erntezeit noch gar nicht ausgebildet. Umso pedantischer müssen Sie dann die Kennzeichen der anderen Pflanzenteile überprüfen.
Gleichen Sie **alle Kennzeichen** (inklusive Standort und Verwechslungsarten) mit **allen Bildern** und **allen Texten** im Porträt ab. Nur wenn Sie ganz sicher sind, darf gepflückt werden.

Ein Gierschblatt ist in mehrere Fiedern unterteilt.

Ganz vorsichtig

Bauen Sie, gerade bei Ihren ersten Bestimmungsversuchen, folgende Sicherheitsstufen ein:

- Beurteilen Sie jedes einzelne Blatt, das Sie später essen wollen. Zwischen viel Bärlauch können sich Maiglöckchen durchaus wohlfühlen.
- Wenn die Blüte noch nicht da ist: Warten, Blütenmerkmale abgleichen und erst dann beziehungsweise erst im nächsten Jahr sammeln.
- Irren ist menschlich: Bestimmen Sie daher lieber nicht alleine, sondern prüfen Sie, ob eine zweite Person zum gleichen Ergebnis kommen würde (4-Augen-Prinzip).
- Damit Sie Ihre Gesundheit nicht negativ beeinträchtigen: Beachten Sie die Sicherheitshinweise auf den Seiten 22/23 (Sicherheit geht vor) und 26 bis 29 (Giftpflanzen).
- Wenn Sie sich nicht zu hundert Prozent sicher sind, lassen Sie die Pflanze einfach stehen.

Achtung, giftig!

Schon vor Jahrtausenden wurde mit giftigem Grünzeug gemordet und betäubt – das ist heute ganz und gar außer Mode und nicht der Sinn und Zweck des Kräutersammelns. Hier finden Sie die wichtigsten Giftpflanzen, von denen Sie besser die Finger lassen.

Maiglöckchen

- Blätter weißlich bereift und derber als Bärlauch (beim Zerreißen faserig)
- Blätter überragen die Blüten und Früchte
- Geruch unauffällig

Herbstzeitlose

- steht meistens auf Wiesen
- Blätter haben keinen Stiel, sind fleischig und riechen unauffällig
- am Grund der Blätter sitzen fleischige Früchte

Schierling

- Stängel hell bereift und unten violett gefleckt
- einzelne Blüten alle weiß, stehen in Schirmchen zusammen
- wird bis über 2 m hoch

Riesenbärenklau

- bis zu 5 m hohe Pflanze
- die mächtigen Blätter sind tief eingeschlitzt
- hat sehr große weiße Blütendolden

Ambrosie

- Blätter sind auf der Ober- und Unterseite grün
- Blätter sind ziemlich symmetrisch eingeschlitzt
- Blütenköpfchen stehen sehr dicht aneinander

Wolfsmilch

- verschiedene Arten mit unterschiedlichem Aussehen
- alle haben innen einen weißen Milchsaft (Blättchen abzupfen)
- die Blüten sind meist gelb-grün und haben eine ungewöhnliche Form

Schwalbenwurz

- cremefarbene oder bräunliche Blüten
- immer 2 Blätter sitzen sich am Stängel gegenüber
- die Blätter haben keinen Stiel

Eisenhut

- die Blüten erinnern an einen Helm
- Blütenfarbe meistens violett, manchmal auch heller
- Blätter tief eingeschlitzt

Salomonssiegel, Weißwurz

- Blüten sind glockenförmig und weiß mit grünen Spitzen
- sie sitzen entlang des Stängels, direkt bei den Blättern
- entwickelt rote Beeren

Aronstab

- Blätter sind pfeilförmig
- die Blüte erscheint als Kolben
- entwickelt grüne Früchte, die dann rot werden

Buschwindröschen

- zierliche Waldpflanze
- weiße Blüten mit sehr vielen gelben Staubblättern
- die Blätter sind fein geschlitzt

Hahnenfuß, „Butterblume“

- viele ähnliche Arten
- kräftig gelbe Blüten mit vielen gelben Staubblättern
- Blätter meistens fein zergliedert

Lerchensporn

- längliche, rötlich violette oder weiße Blüten
- Blüten sind traubenförmig am Ende des Stiels angeordnet
- Blätter deutlich unterteilt

Greiskraut

- goldgelbe Blütensonnen oben am Stiel
- Blätter sind relativ fest
- Blätter deutlich unterteilt

Vorsicht

Einige von den Giftpflanzen muss man gar nicht schlucken, um sich zu gefährden. Ambrosie und Riesenbärenklau zum Beispiel können schon bei Berührung Schaden anrichten (heftige Reaktion der Haut oder der Atemwege). Es gibt natürlich noch viel, viel mehr giftige Pflanzen – hier sind die gefährlichsten und häufigsten gezeigt.

Kräuter richtig sammeln

Hier und da etwas Essbares pflücken können Sie natürlich immer. Bei größeren Erntevorhaben bieten sich aber gewisse Hilfsmittel und Vorgehensweisen an, damit Sie rasch vorankommen und das Sammelgut so frisch wie möglich bleibt.

Ausrüstung

Je nach Vorhaben sind verschiedene **Behälter** zum Sammeln praktisch:

- Sind die Pflanzen nicht ganz sauber oder sollen sie getrocknet werden, ist ein luftiger Korb genau das Richtige.
- Sollen die Pflanzen länger so frisch wie möglich bleiben, bietet sich eine Plastiktüte oder ein Eimerchen

Mit der richtigen Ausrüstung füllt sich der Korb im Handumdrehen.

an, die für längeres Aufbewahren noch ein kühles, feuchtes Tuch beinhalten können. Schwitzen sollten sie aber nicht.

- Für die kleine Ernte tut's auch die hohle Hand.

Damit nichts kratzt oder brennt, helfen Handschuhe.

Vor Ort müssen Sie immer sicher gehen, dass keine giftigen Kräuter in Ihrem Korb landen. Wer also die essbaren von den giftigen Kräutern nicht todsicher unterscheiden kann und gleichzeitig nicht nur Gänseblümchen sammeln will, sollte das passende **Buch** immer dabei haben. Alternativ können Sie natürlich auch jemanden mitnehmen, der sich auskennt und dem Sie vertrauen.

Zum Ernten von Brennnesseln, Kräutern in Brennnesselnähe oder zwischen stachligem Gestrüpp können **Handschuhe** gute Dienste leisten, bei Wurzeln eine schmale **Schaufel**.

Das Überleben sichern

Neben Ihrem eigenen Leben sollte Ihnen auch das der Pflanzen teuer sein. Sie wollen ja schließlich nicht Ihre eigene Nahrung ausrotten. Abgesehen davon hängen viele andere Lebewesen ebenfalls von einem gesunden Wildkräuterbestand ab. Daher ist es sinnvoll, sich beim Pflücken etwas vorwärts zu bewegen, statt eine Stelle kahl zu ernten.

Ausnahme: Mit einer massenhaften Ernte von Japanischem Knöterich, Indischem Springkraut und Franzosenkraut unterstützen Sie die heimische Natur. Diese fremden Arten breiten sich bei uns in unerwünschtem Maß aus und verdrängen heimische Pflanzen.

Löwenzahn
Gänse-
blümchen

Das Who-is-who der Besten

Bärlauch

Sammelzeit: Die jungen Blätter vor der Blüte von Februar bis April, von März bis Juni die Blütenknospen und Blüten.

Lieblingsort: Feuchte, schattige Plätze im Wald oder am Waldrand.

Kennzeichen: **Blätter** riechen unverwechselbar nach Lauch, fühlen sich wachsig-ledrig an, glänzen, haben einen deutlichen Stiel und keine netzartigen Blattadern. **Knospen** sitzen auf einem zunächst kurzen, später die Blätter überragenden Stiel. **Blüht** weiß in einer aus sternförmigen Einzelblüten zusammengesetzten Kugel oder Halbkugel.

Aufgepasst! Es gibt 3 giftige Doppelgänger (Fotos ab Seite 26): Das **Maiglöckchen** hat hell bereifte Blätter, die meist zu zweien am Stiel sitzen. Auf den Blättern des **Aronstabs** sind die netzartigen Adern zu erkennen, die ausgewachsenen Blätter sind pfeilförmig. Die **Herbstzeitlose** verrät sich durch den walnussgroßen Fruchtstand, der sich am Grund ihrer Blätter, die keinen Stiel haben, versteckt. Alle 3 riechen nicht lauchartig. Die Riechprobe ist also immer wichtig. Allerdings kann man sich bei einem Maiglöckchen im Bärlauchbestand vor lauter umgebenden Knoblauchduft auch täuschen.

Blütenknospen

Schmeckt ... wie Knoblauch, nur feiner. Eignet sich für Suppen, Soßen, als Pesto, zu Pasta, Salat, als Gewürz roh und gekocht.

Blitz-Rezept

Osterbutter

- 50 g Bärlauchblätter und/oder -knospen
- 125 g weiche Butter
- 1 TL grobes Salz

Blätter fein hacken und mit Butter und Salz vermengen. Wer es frisch mag, kann noch gehackte Zitronenmelisse untermischen. Nach Belieben mit Blüten verzieren.

Extra Tipp

Die Blätter des Bärlauchs werden ab der Blütezeit nicht giftig, sie schmecken nur nicht mehr so frisch und sind etwas zäher. Probieren Sie dann unbedingt die Knospen, Blüten und Stängel, sie sind genauso lecker und kräftig im Geschmack wie die jungen Blätter.

Sauerklee Wald-Sauerklee

Sammelzeit: Sauerklee ist praktisch das ganze Jahr zu sammeln. Im Frühjahr sind die Blätter am zartesten, die Blüten finden Sie im April und Mai.

Lieblingsort: An feuchten Stellen im Wald, gerne an Baumstümpfen oder herumliegendem Altholz.

Kennzeichen: Das **Pflänzchen** wird höchstens 12 cm hoch und kommt oft in kleinen Teppichen vor. **Blätter** mit 3 herzförmigen Fiedern (ähnlich Kleeblättern), einzeln aufsteigend, leicht behaart, falten sich bei viel Licht zusammen. **Blüten** weiß mit strahlenförmigen rosa Äderchen.

Aufgepasst! Wie der Sauerampfer enthält Sauerklee Oxalsäure (Seite 93). Also: Bitte nicht in rauen Mengen essen.

Blüte

Schmeckt … Die hübschen Blätter und Blüten zieren jeden Aufstrich, Quark oder (Obst-)Salat und geben dem Ganzen eine herrlich frisch-säuerliche Note.

Blitz-Rezept

Süßer Waldsee

- ½ Päckchen Vanillepudding
- etwa 500 ml Milch
- etwa 3 EL Rohrzucker
- 1 Handvoll Sauerkleeblätter und -blüten

Pudding mit doppelter Milchmenge und dem Zucker nach Herstellerangaben zubereiten, erkalten lassen und auf Schälchen aufteilen. Den Sauerklee wie Seerosen auf der Oberfläche schwimmen lassen.

Extra Tipp

Damit Sie Ihren Gästen Schlaues erzählen können: Der Sauerklee ist gar keine Klee-Art, also nicht mit den Wiesenklee-Arten verwandt. Er wird nur so genannt, weil er eben kleeähnlich aussieht.

Giersch Geißfuß

Sammelzeit: Die jungen, noch gefalteten und glänzenden Blätter finden sich das ganze Jahr. Hauptsaison ist der Frühling.

Lieblingsort: In schattigen und feuchten Gartenecken, an Weg- und Waldrändern.

Kennzeichen: **Blätter** kommen auf einem langen Blattstiel einzeln aus dem Boden, erst glänzend grün und gefaltet, später matt hellgrün. Ein ausgewachsenes Blatt hat im Ganzen grob eine dreieckige Form, ist aber in 3 Fiedern unterteilt. Letztere sind nochmals in 2 oder 3 Teile mit einem gezackten Rand untergliedert. **Riechen** stark aromatisch (reiben Sie an den Blättern!). **Ausgewachsene Pflanze** wird bis zu 80 cm hoch und blüht in weißen Dolden.

Aufgepasst! Es gibt sehr viele ähnliche Pflanzen mit fast identischen Blüten und ähnlichen Blättern. Nur Gierschblätter haben aber bei genauerem Hinsehen die charakteristische Form und Farbe. Der Geruchstest bringt letzte Sicherheit.

Junges, noch glänzendes Blatt

Schmeckt … kräftig, ein bisschen wie Petersilie. Als Gemüse, als Gewürz und in Suppen, passt auch roh in Salate.

Blitz-Rezept

Unkrautkuchen

- 4 Eier
- 50 g Gierschblätter
- 2 EL Joghurt
- Salz und Pfeffer
- 40 g geriebener Käse

Eier, Joghurt, Salz und Pfeffer in einem hohen Gefäß verquirlen und fein gehackten Giersch zugeben. Das Ganze in eine gefettete Tarteform geben und mit Käse bestreuen. Bei 180 °C etwa 15 Minuten backen.

Extra Tipp

Giersch gilt als Unkraut und hat dabei eine Wahnsinns-Vitalität. Einmal im Garten, bekommt man ihn praktisch nicht mehr los. Da hilft nur eins: Ernten, was das Zeug hält.

Knoblauchsrauke Knoblauchskraut

Sammelzeit: Blätter und Triebspitzen am besten von April bis Juni, vor allem die runden Grundblätter sind aber schon früher im Jahr zu finden. Auch die würzigen Blüten sind essbar.

Lieblingsort: An eher feuchteren Stellen im Garten, an Weg- und Waldrändern.

Kennzeichen: **Blätter** oben am Stängel spitzig mit gezacktem Rand, die am Boden sind rund und haben einen gekerbten Rand. **Riechen** mild-würzig nach Knoblauch mit Kresse. Mehrere kleine **Blüten** mit 4 weißen Blütenblättern sitzen oben am Stängel.

Grundblätter

Aufgepasst! Die unteren Blätter sind, wenn sie noch klein sind, mit dem ebenfalls essbaren **Gundermann** (Seite 82) zu verwechseln. Der Geruch ist dann aber ein eindeutiges Indiz.

Schmeckt ... dezent würzig nach Knoblauch mit leichter Kressenote. Da die Geschmackstoffe leicht flüchtig sind, verlieren sie sich beim Kochen schnell. Daher am besten roh in Salaten und Dips verwenden.

Blitz-Rezept

Raukenquark

- 50 g Knoblauchsraukenblätter
- 10 große Rucolablätter
- 125 g Sahnequark
- 1 EL Kräuteressig
- Salz, Pfeffer

Knoblauchsrauke und Rucola fein schneiden, mit Quark und Essig verrühren. Mit Salz und Pfeffer abschmecken.

Am intensivsten schmeckt die Knoblauchsrauke, wenn die Sonne sie einige Stunden verwöhnt hat. Auch der Geruch ist dann kräftiger.

Hirtentäschel Hirtentäschelkraut

Sammelzeit: Der obere Sprossteil mit Blüten und den noch grünen Samen findet sich praktisch das ganze Jahr.

Lieblingsort: An Wiesen-, Weg- und Feldrändern.

Kennzeichen: Die **Pflanze** wird meist maximal 35 cm hoch, ist oft aber wesentlich kleiner. **Samen** stehen rund um den Stängel an langen Stielen ab und sind herzförmig. **Blätter** bilden am Boden eine Rosette, sind am Stängel länglich, ohne Blattstiel und mit 2 Zipfeln, die am Stängel vorbeiragen. Blüten weiß, mit 4 kleinen Blütenblättern.

Aufgepasst! Das Hirtentäschel ist dank seiner herzförmigen Samen nicht zu verwechseln. Bitte beachten Sie aber, dass Feldränder häufig „mitgespritzt“ sind.

Schmeckt … leicht würzig nach Kresse oder Kohl. Verwenden Sie es nur frisch, zum Beispiel in Salaten, als Garnitur zu Kartoffeln, auf Soßen oder Dips.

Ganze Pflanze

Blitz-Rezept

Hirtenschiffchen

- 4 halbierte und noch heiße Kartoffeln
- 8 TL Hüttenkäse
- 8 schwarze Oliven
- schwarzer Pfeffer
- 8 obere Sprossteile des Hirtentäschels

Die Kartoffelhälften mit je 1 TL Hüttenkäse bestreichen, klein geschnittene Oliven darauf verteilen und etwas pfeffern. Mit Hirtentäschelkraut garnieren – fertig.

Extra Tipp

Jetzt wird's romantisch: Mit den herzförmigen Samen lassen sich wunderbare Liebesbotschaften auf den Dip, das Butterbrot oder den Tellerrand schreiben. Dazu ein Wildblumenstrauß ... ein paar Kerzen ...

Waldmeister

Sammelzeit: Im April, bevor er blüht.

Lieblingsort: In feuchten Laubwäldern, oft in ganzen Teppichen.

Kennzeichen: **Blätter** stehen sternförmig in mehreren „Etagen“ um den Stängel, sind länglich und frisch grün. **Blüht** in kleinen weißen Blüten, die zusammen oben an der Sprossachse sitzen, im Mai und Juni. Die **Pflanze** wird bis zu 30 cm hoch.

Aufgepasst! Der Waldmeister hat einige ungiftige Verwandte, die auf den ersten Blick ähnlich aussehen. Sein Geruch und die Größe sind die auffälligsten Unterscheidungsmerkmale. Wichtig ist, dass man ihn nicht überdosiert (maximal 3 g getrocknete Blätter pro Liter), sonst kann er Kopfschmerzen verursachen.

Schmeckt … unvergleichlich süßlich nach Waldmeister. Dieses Aroma bekommt man aus ihm heraus, indem man die angewelkten oder getrockneten Blätter (vor der Blütezeit!) in Flüssigkeiten im weiteren Sinne gibt (zum Beispiel in Wein, Sekt, Tee, Milchcremes, Pudding), dann aber immer spätestens nach 15 Minuten wieder entfernt.

Blitz-Rezept

Maibowle

- 5–8 Stängel Waldmeister
- 1 Flasche trockener Sekt

Waldmeister zu einem Sträußchen binden und welken lassen (in der Sonne geht's am schnellsten) bis die Blätter schlaff sind. Sekt öffnen und das schlaffe Sträußchen kopfüber für etwa 10 Minuten eintunken.

Alkoholfrei geht das Ganze auch mit Apfelschorle.

Immer mit Bedacht tunken: Zu viel Waldmeister verwenden kann schädlich sein (siehe linke Seite). Zu langes Eintunken ist auch nicht gut, denn dann könnten Bitterstoffe frei werden, die man gar nicht haben will.

Vogelmiere Sternmiere, Hühnerdarm

Sammelzeit: Die ganze Pflanze kann rund ums Jahr gesammelt werden. Am zartesten ist sie aber in den Frühjahrsmonaten.

Lieblingsort: Fast überall, aber eher an feuchten und schattigen Stellen, an Wegen, Feldrändern und in Gärten.

Kennzeichen: Zierliches **Kräutlein**, wird 5–40 cm groß und bildet oft dichte Polster. Die kleinen sternförmigen **Blüten** sind weiß und sitzen an einem Stiel, der zusammen mit einem Blatt am runden Stängel ansetzt. **Blätter** eiförmig mit einer Spitze, sitzen immer zu zweit gegenüber am Stängel.

Aufgepasst! Der schwach giftige **Acker-Gauchheil** sieht, wenn er nicht blüht, sehr ähnlich aus. Er hat allerdings einen kantigen Stängel und blüht auffällig hellrot.

Acker-Gauchheil

Schmeckt ... nach kräftigem grünen Salat mit Maisnote. Am besten ist sie roh in Salaten oder zu jungem Gemüse (zum Beispiel Zuckermais), kann aber auch wie Spinat zubereitet werden.

Blitz-Rezept

Vogelnester

- 1 Handvoll Vogelmiere
- ½ Apfel
- grob gehackte Walnusskerne
- Weißer Balsamico, Sonnenblumenöl, Salz, Pfeffer, Curry

Vogelmiere zu zwei kleinen Kränzchen formen. Apfel in Stückchen schneiden, in die Mitte der Kränze geben, mit Nüssen bestreuen und den Rest der Zutaten als Vinaigrette verrühren und darüber gießen.

Extra Tipp

Die Vogelmiere lässt sich leicht züchten: einfach Samen in einen Blumenkasten geben und schon bald haben Sie sie immer griffbereit.

Feldsalat Rapunzel, Rapünzchen

Sammelzeit: Im März und April, dann wieder im Oktober werden Blätter und Stängel, von April bis Mai die Blüten gesammelt.

Lieblingsort: An sonnigen wintermilden Wegrändern, Mauern und in Weinbergen.

Kennzeichen: Ganzes **Pflänzchen** bis zu 15 cm hoch, sein Stängel ist gabelig verzweigt. Viele **Blätter** stehen am Boden in einer Rosette zusammen, am Stängel direkt an den Verzweigungen sitzen immer zwei gegenüber, sie sind annähernd zungenförmig. Die winzigen **Blüten** sind blassblau und stehen in kleinen Schirmchen zusammen.

Aufgepasst! Es gibt einige ähnliche, verwandte Arten, die aber alle ebenso essbar sind.

Schmeckt ... mild, aber kräftiger als der Kultur-Feldsalat und wird wie dieser, aber auch für Aufläufe, Soßen und Suppen verwendet.

Blitz-Rezept

Fruchtiger Feldsalat

- 2 Handvoll Feldsalatblätter
- 50 g Gorgonzola in Würfeln
- einige Erdbeeren
- Weinessig, Apfelsaft, Walnussöl, Salz, Pfeffer

Feldsalat waschen und mit Gorgonzola und in Scheiben geschnittenen Erdbeeren mischen. Die restlichen Zutaten zu einem Dressing rühren und den Salat damit anmachen. Wer es noch nussiger mag, kann gehackte Walnusskerne ergänzen.

Extra Tipp

In den Sommermonaten sind die Samen des Feldsalats reif. Auch sie können gesammelt werden und lassen sich in einem Topf mit feuchter Erde auf der Fensterbank gut anziehen, sodass Sie immer frisches Grün greifbar haben.

Holunderblüten Schwarzer Holunder, Holler

Sammelzeit: Die Blütenschirme werden von Mitte Mai bis in den Juli gesammelt, wenn die Einzelblütchen geöffnet sind.

Lieblingsort: Lichte Wälder, Waldränder, an Flüssen und in Gärten.

Kennzeichen: **Blüht** cremeweiß in hübschen, aromatisch duftenden Blütenschirmen aus vielen winzigen Einzelblüten. **Strauch** oder Baum bis zu 6 m hoch. **Blätter** in 5 Fiedern geteilt, mit leicht gezacktem Rand. **Früchte** schwarzviolett, etwa 5 mm groß, in hängenden Schirmen.

Aufgepasst! Der giftige **Zwerg-Holunder** wird nur 1,50 m hoch. Seine Blätter riechen unangenehm, die Blüten nach Bittermandel. Der **Rote Holunder** hat aufrechte Blütentrauben und blüht grünlich gelb.

Zwerg-Holunder

Roter Holunder

Schmeckt … besonders als Blütensirup, als Sekt angesetzt oder in Bierteig gebacken. Auch als Gelee und Essig ein sehr feiner Geschmack. Übrigens sind auch die Beeren gekocht essbar (mehr zu Beeren Seite 120).

Blitz-Rezept

Hollerkücherl

- 80 g Mehl
- 1 Ei
- 175 ml Milch
- 1 Prise Salz
- 50 ml Bier
- etwa 12 Blütenschirme
- Öl zum Ausbacken

Mehl, Ei, Milch, Salz und Bier zu einem geschmeidigen Teig verrühren. Blüten darin untertauchen und in einer Pfanne in reichlich Öl ausbacken. Dazu Puderzucker und Apfelmus und vielleicht den „Rest“ Bier.

Extra Tipp

Lassen Sie die Blüten erst einige Zeit ausgebreitet liegen, dann haben die vielen kleinen Tierchen, die oft im Holunder wohnen, die Möglichkeit zu flüchten.

Japanischer Knöterich

Japanischer Flügelknöterich

Sammelzeit: Die jungen Sprosse sind im März und April noch zart. Werden sie immer wieder abgeerntet, wachsen sie bis in den Herbst hinein nach.

Lieblingsort: Auf Wiesen, Brachen und an Wegrändern, gerne in der Nähe von Bächen und Flüssen.

Kennzeichen: Die **Sprosse** ähneln jung Grünem Spargel, sind rötlich gefleckt, haben häutige Ringe und ganz hellgrüne Blätter. Die **Blätter** sind dreieckig bis eiförmig, zugespitzt, am Blatt auf der Seite des Blattstiels deutlich gestutzt und werden höchstens 20 cm lang. **Ausgewachsen** wird die Pflanze 1–4 m hoch, wächst als dichtes Gebüsch und bildet Zweige in Zickzackform. Die winzigen **Blüten** sind weiß und hängen wie an Fäden zusammen.

Sachalin-Flügelknöterich

Aufgepasst! Beim ähnlichen **Sachalin-Flügelknöterich** sind die Blätter nicht gestutzt. Er kann genauso verwendet werden.

Schmeckt ... rhabarberartig und kann wie dieser zu Marmelade, Kompott, Kuchen oder Chutneys verarbeitet, aber auch roh als Erfrischung geknabbert werden.

Blitz-Rezept

Sprossmarmelade

- 1 kg Knöterichsprosse in feinen Ringen
- 500 g Gelierzucker 2:1
- 1 Päckchen Zitronensäure
- 1 TL Agar Agar

Knöterich mit Zucker und Zitronensäure in einem Topf etwa 30 Minuten durchziehen lassen. Dann das Agar Agar in den Saft rühren und das Ganze 4 Minuten aufkochen lassen, dabei den Schaum immer wieder abschöpfen. Noch heiß in saubere Gläser abfüllen.

Extra Tipp

Er kommt in Massen vor, ist wie das Indische Springkraut in der Natur unerwünscht (Seite 31), schmeckt lecker wie Rhabarber, enthält aber nicht dessen lästige Oxalsäure (Seite 93). Auf zum Knöterichsammeln!

Franzosenkraut Knopfkraut

Sammelzeit: Blätter, Triebspitzen, Knospen und Blüten sind von Mai bis Oktober zu ernten.

Lieblingsort: An Weg- und Feldrändern.

Kennzeichen: Recht unscheinbare **Pflanze**, 10 bis meist 40 cm hoch. **Blätter** stehen immer zu zweit gegenüber am Stängel und haben einen gezackten Rand. **Blütenköpfchen** wenige mm im Durchmesser, mit winzigen weißen, äußeren Blütenblättern und einer kräftiggelben Mitte.

Aufgepasst! Suchen Sie sich eine gute Stelle, denn an Feld- und Wegrändern haben die Pflanzen häufig Spritzmittel oder Gassi-Spuren abbekommen.

Schmeckt ... Die Blüten und Knospen schmecken nussig-herb und erinnern etwas an Sonnenblumenkerne, das Grün schmeckt salatartig. In gekochter Form als Gemüse, in Suppen oder Spinat sowie roh als Salat ist das Franzosenkraut ein wertvoller Vitamin- und Mineralstoffspender.

Blüten

Blitz-Rezept

Salade française

- 3 Handvoll Franzosenkraut
- 3 EL Öl
- 2 TL Dijonsenf
- 1 Schuss Apfelsaft
- Croûtons

Öl und Senf so lange mit der Gabel rühren, bis eine homogene Soße entsteht, dann den Apfelsaft einrühren. Mit dieser Vinaigrette das Franzosenkraut anmachen und Croutons darüberstreuen.

Den ganzen Sommer über lassen sich die Samen gewinnen, indem Sie die Köpfchen schütteln. Gut getrocknet können Sie sie den Winter über auf dem Fenstersims ansäen und die Sprossen genießen.

Gänseblümchen Maßliebchen

Sammelzeit: Blüten, Knospen und Blätter können das ganze Jahr über gesammelt werden, Hauptsaison haben sie im Frühling.

Lieblingsort: Wiesen mit niedrigen Pflanzen.

Kennzeichen: **Blütenkörbchen** innen gelb, außen weiß mit mehr oder weniger rosafarbenen Spitzen, bis zu 2 cm Durchmesser, an einem langen Stiel ohne Blätter. **Blätter** in einer Rosette am Boden, zungenförmig mit schmalem Ansatz, fein behaart, bis zu 6 cm lang.

Aufgepasst! Gänseblümchen haben keine Doppelgänger. Die Blütenform gibt es häufig im Pflanzenreich, doch die Kombination mit der Blattrosette macht die Identifizierung einfach.

Blattrosetten

Schmeckt ... Blüten schmecken zart nussig und leicht bitter und eignen sich für Verzierungen aller Art. Die Blätter können wie Feldsalat geerntet und auch wie dieser verwendet werden, außerdem gekocht in Kräutersuppen und Gemüsezubereitungen. Die Knospen kann man wie Kapern einlegen.

Blitz-Rezept

Feld- und Wiesensalat

- je 1 Handvoll Feldsalat und Gänseblümchenblätter
- 10–20 Blütenköpfchen
- 4 EL Speckwürfel
- Salz, Pfeffer, Essig und Öl

Speck in der Pfanne bei geringer Hitze knusprig braten. Die sauberen Blätter und Blüten mit den Gewürzen und zum Beispiel Himbeeressig und Walnussöl anmachen und den Speck darüberstreuen.

Extra Tipp

Die Blüten schließen sich oft nach dem Sammeln, Ästheten können aber einen Trick anwenden: auf warmem Wasser wenige Minuten schwimmen lassen, dann öffnen sich die meisten wieder.

Löwenzahn Pusteblume, Kuhblume

Sammelzeit: Knospen im zeitigen Frühjahr, Blüten vor allem im Frühling, Blätter praktisch das ganze Jahr.

Lieblingsort: Vor allem auf nährstoffreichen Wiesen, letztlich an jeder Ecke.

Kennzeichen: **Blütenkörbchen** kräftig gelb, von kleinen grünen Kelchblättern umgeben, auf einem blattlosen, hohlen Stiel. Werden später zu Pusteblumen. **Blätter** rosettenförmig am Boden angeordnet, vielfach eingeschnitten (erinnern entfernt an die Zahnreihen einer Raubkatze).

Blattrosetten

Aufgepasst! Es gibt zahlreiche verschiedene Löwenzähne, die aber alle essbar sind. Alle haben einen klebrigen, weißen Milchsaft, der sich auf der Haut braun färbt und nur schwer zu entfernen ist. Am besten also vorsichtig oder gleich mit Handschuhen ernten und verarbeiten.

Schmeckt … Knospen und Blüten schmecken süßlich, Blätter chicoréeartig. Aus den Blüten lässt sich ein Sirup herstellen, sie sind außerdem gut für alle Variationen der Blütenküche. Die Knospen können wie Kapern eingelegt werden, passen aber auch – wie die Blätter – frisch in Salate und Gemüsezubereitungen.

Blitz-Rezept

Gebratene Löwennasen

- junge Löwenzahnknospen
- Butterschmalz

Die Knospen aufrecht ins heiße Butterschmalz setzen und kurz anbraten. Die grünen Hüllblätter öffnen sich im heißen Fett und bilden ein sternförmiges Minitablett für die Knospen. Mit etwas Puderzucker oder pikant würzen und zu Süßem oder Herzhaftem reichen.

Extra Tipp

Die Blätter sind weniger bitter, wenn Sie sie

- ganz jung ernten
- fein schneiden und eine Stunde in Wasser mit etwas Salz legen
- den Salat eine halbe Stunde vor Genuss anmachen
- im Garten mit einem Blumentopf abgedeckt wachsen lassen und so durch Lichtentzug bleichen.

Scharbockskraut

Sammelzeit: Die Blätter und Blütenknospen sollten nur vor der Blütezeit, also im März und April gesammelt und nicht in riesigen Mengen konsumiert werden, da sie sonst gesundheitsschädlich sein können.

Lieblingsort: An feuchten, halbschattigen Stellen im Garten, Wald oder Park, häufig direkt unter Bäumen.

Kennzeichen: **Blätter** sind glänzend dunkelgrün, lang gestielt und rundlich herzförmig. **Blüten** leuchtend gelb wie kleine Sterne. Das gesamte **Pflänzchen** wird maximal 15 cm hoch und bildet ganze Teppiche.

Aufgepasst! Die Blätter des Scharbockskrauts können mit den weniger glänzenden Blättern von Veilchen (Seite 84) oder Gundermann (Seite 82) leicht verwechselt werden. Diese sind aber auch essbar, haben nur einen ganz anderen Geschmack.

Schmeckt ... leicht säuerlich scharf und passt daher in Salate, Soßen, Wildkräutermischgerichte und Quark.

Blitz-Rezept

Vitaminpaste

> 2 Handvoll Scharbockskraut-Blätter
> ½ Apfel
> ½ Zehe Knoblauch
> 1 EL gemahlene Mandeln
> Salz, Pfeffer, Zitronensaft

Kraut grob hacken und mit Apfel, Knoblauch, den Mandeln, Gewürzen, Zitronensaft und einem Schuss Wasser im Mixer zu einer feinen Paste häckseln. Lecker als Brotaufstrich oder zu Pasta.

Extra Tipp

Der eigentümliche Name kommt von „Skorbut“, einer Vitamin-C-Mangelkrankheit. Früher hat man nach dem vitaminarmen Winter die Blätter des Scharbockskrauts gegessen, um der Krankheit entgegenzuwirken.

Huflattich

Sammelzeit: Blüten, ihre Knospen und die Stängel können manchmal schon im Februar und bis in den April geerntet werden. Danach erscheinen die ebenfalls essbaren Blätter, die bis Juni am zartesten sind.

Lieblingsort: An eher steinigen oder sandigen Stellen an Wegrändern, Brachflächen und Flussufern.

Kennzeichen: **Blüht** in gelben Körbchen auf dicken, bis zu 25 cm hohen Stielen mit kurzen Blattschuppen. Die **Blätter** erscheinen nach der Blütezeit auf rinnenförmigen Blattstielen, sind fleischig und haben einen filzigen Flaum.

Aufgepasst! Huflattich sollte nicht über einen längeren Zeitraum und in rauen Mengen verspeist werden, weil er sonst für die Leber schädlich sein kann. Zu verwechseln sind nur die Blätter, die schwer von weniger leckeren, jungen **Pestwurz**-Blättern zu unterscheiden sind. Sammeln Sie daher nur an Stellen, wo Sie vorher die Blüten entdeckt haben oder beschränken Sie die Ernte auf die anderen Pflanzenteile.

Blatt

Schmeckt ... Die Blüten schmecken süßlich, der milde Geschmack erinnert an grünen Spargel. Huflattich wird roh in Salaten, gebraten oder gekocht in Pfannengemüse, Bratlingen, Eierspeisen oder wie Spinat verwendet.

Blitz-Rezept

Blütenbrot

- 1 Handvoll Huflattichknospen
- 1 Butterbrot

Knospen fein schneiden und auf dem Butterbrot verteilen – fertig.

Extra Tipp

Huflattich ist oft in urbanen Gebieten zu finden. Achten Sie aber bei der Ernte darauf, wo genau er steht. Zu viel Abgas oder nicht ganz einwandfreie Böden sind nicht gesund.

Pastinak

Sammelzeit: Die Wurzeln werden im Herbst, Winter und Frühjahr geerntet, wobei sie nach dem ersten Frost weicher sind. Im Juli und August können Sie die Knospen und Blüten verwenden.

Lieblingsort: In Grünstreifen und an Wegrändern.

Kennzeichen: Der Pastinak ist eine stattliche **Pflanze** von bis zu 1 m Höhe und hat einen kantig gefurchten Stängel. **Blüten** sind gelb und stehen in Dolden und Döldchen (das heißt: von einem Punkt aus entspringen Stiele, die sich nochmals in einem Punkt in Stielchen verzweigen; daran sitzen die einzelnen Blüten). **Blätter** in ungestielte, gezähnte Fiederblättchen untergliedert, die ihrerseits wiederum in Lappen geteilt sind.

Blätter

Aufgepasst! Es gibt einige gelbe Doldenblütler. Achten Sie also genau auf die Form der Blätter, denn die Blüten ähneln sich alle sehr.

Schmeckt … ähnlich der Pastinake vom Gemüsehändler, geht also geschmacklich in Richtung Möhre und wird auch wie diese verwendet.

Blitz-Rezept

Pastinakcarpaccio

- 2–3 Pastinakwurzeln in feinen Scheiben
- 1 EL gewürfelter Speck
- 1 TL Honig
- Salz und Pfeffer nach Belieben

Wurzelscheiben und Speck in der Pfanne anbraten und im Honig leicht karamellisieren. Nach Belieben würzen.

Extra Tipp

Von einer Ihnen genau bekannten Pastinakpflanze, die Sie im Sommer blühend gesehen haben, können Sie im Herbst die würzigen Samen ernten. (Sonst ist die Verwechslungsgefahr zu groß!) Ähnlich wie Kümmel würzen sie Gebäck, Bratkartoffeln und Käse.

Wiesenschaumkraut

Sammelzeit: Die Blüten zieren von April bis Juni Wiesen und Teller. Auch die Blätter und Triebspitzen sind verwendbar, allerdings nur vor der Blütezeit.

Lieblingsort: Auf feuchten Wiesen und Rasen.

Kennzeichen: Die ganze **Pflanze** wird meist bis 35 cm hoch. Am Boden hat sie einige **Blätter** mit rundlichen Blattfiedern, während die Fiedern der Stängelblätter länglich und schmal sind. **Blüten** stehen in Büscheln zusammen und bestehen immer aus 4 weißen bis rosafarbenen Blütenblättern, kleinen gelben Staubbeuteln und einem grünen Kelch, der die Blütenblätter umfasst.

Blätter

Aufgepasst! Es gibt einige ähnliche Arten, die auch auf Wiesen wachsen. Achten Sie ganz besonders auf die Blattform der Grundblätter, die weiß-rosa Blüten und die gelben Staubbeutel.

Schmeckt … würzig nach Kresse mit einer leichten Bitternote und passt somit in Quark, zu Brotaufstrichen, in Salat oder zu Eierspeisen.

Blitz-Rezept

Blütenquark

- 250 g Sahnequark
- 3 EL Milch
- 1 Handvoll Schaumkrautblüten
- Salz und Pfeffer

Quark, Milch und Blüten verrühren und mit Salz und Pfeffer abschmecken. Optisch und geschmacklich ein Genuss zu Pell- oder Folienkartoffeln.

Der hübsche Aurorafalter mit seinen orangen Flügelspitzen nutzt dieses Kraut als Nahrungspflanze und ist daher oft in der Nähe zu finden. Halten Sie also beim Sammeln die Augen offen und genießen Sie den Anblick!

Wilde Malve

Sammelzeit: Von Mai bis Oktober können die Blüten, bis zum Juli die noch zarten Blätter und Triebe gesammelt werden.

Lieblingsort: An sonnigen Wegen, Mauern und Zäunen.

Kennzeichen: **Blüht** in bis zu 3 cm großen Blüten mit 5 rosa Blütenblättern, die purpurne Streifen haben und am äußeren Rand eingebuchtet sind. Die **Blätter** stehen einzeln am aufrechten, bis zu 1 m hohen Stängel und haben meist 5 Lappen, die am Rand gezackt sind.

Aufgepasst! Ähnlich sieht die **Weg-Malve** aus, die Sie genauso verwenden können. Sind Malvenblätter von einem Pilz befallen (rostbraune Flecken auf den Blattunterseiten), sollten sie nicht gegessen werden.

Schmeckt ... recht mild. Die Blüten eignen sich frisch als Dekoration vor allem zu Salaten und Desserts und getrocknet in Teemischungen. Blätter und Triebe passen in Gemüse und Salate.

Blüten und Blätter

Blitz-Rezept

Frucht und Blüte

- je 1 Mango, Birne, Apfel,
- Banane
- Saft einer halben Zitrone
- 3 EL süße Sahne
- Ahornsirup
- 10 Malvenblüten

Obst fein schneiden und mit Zitronensaft und Sahne mischen. Nach Belieben mit Ahornsirup süßen und mit Malvenblüten dekorieren.

Extra Tipp

Die Blütenknospen und jungen Früchte können Sie genau wie Gänseblümchen- und Löwenzahnknospen in gesalzenen Essig einlegen. Ein Rezept dazu finden Sie auf Seite 106.

Rotklee Roter Wiesenklee

Sammelzeit: Die jungen Triebe finden Sie von April bis Juni, die Blütenköpfchen von Mai bis September.

Lieblingsort: Auf Wiesen und Rasen.

Kennzeichen: **Blüten** rosa in nahezu kugeligen Köpfchen. **Blätter** dreigeteilt mit ovalen Fiederblättchen, die auf einem kurzen gemeinsamen Stiel sitzen, selbst aber nicht oder kaum gestielt sind.

Aufgepasst! Der Rotklee ist auf den ersten Blick mit anderen Kleearten zu verwechseln. Diese sind aber ebenfalls essbar, schmecken nur nicht so gut.

Schmeckt ... Die Blüten schmecken süßlich und werden einzeln oder als Köpfchen über Salate und Gemüse gestreut oder getrocknet als Tee verwendet. Die jungen Triebe und Blätter erinnern geschmacklich an Feldsalat und werden wie dieser oder gekocht in Gemüse verwendet.

Blitz-Rezept

Rosa Reisbällchen

- 1 Tasse klebender Reis (z. B. Basmati)
- ½ TL Kreuzkümmel
- Salz
- 1 Handvoll einzelne Kleeblüten

Reis mit Salz nach Anleitung kochen und dann den Kreuzkümmel unterrühren. Mit feuchten Händen zu tischtennisballgroßen Bällchen formen und diese in den Blüten wälzen. Lecker zu asiatisch angehauchtem Pfannengemüse.

Extra Tipp

Wiesennascherei:
Die Einzelblüten aus dem Blütenköpfchen zupfen und an der schmalen Seite den süßen Nektar aussaugen. So haben das schon unsere Großmütter gemacht.

Taubnessel Weiße, Gefleckte oder Purpurrote Taubnessel

Sammelzeit: Blätter können praktisch das ganze Jahr gesammelt werden. Ab April bis Oktober erleichtern Blüten das Finden und Bestimmen.

Lieblingsort: An Wald- und Gebüschrändern.

Kennzeichen: **Blätter** sehen aus wie die der Brennnesseln, brennen aber nicht. **Blüten** nicht rund, sondern röhrenförmig mit einer Öffnung, die entfernt an eine Ober- und Unterlippe erinnert, weiß oder purpurn, sitzen direkt oberhalb der Blätter rings um den Stängel. Die ganze **Pflanze** wird meist bis zu 40 cm hoch und steht meistens in Gesellschaft einiger Artgenossen.

Aufgepasst! Häufig laben sich Hummeln an dem leckeren Nektar. Also bitte mit wachsamem Auge ernten, denn die eigentlich friedlichen Tierchen stechen manchmal, wenn sie gequetscht werden.

Weiße Taubnessel

Schmeckt … aromatisch-würzig in Salat, Suppen und Soßen. Die Blüten schmecken vor allem ganz unten süßlich nach Nektar.

Blitz-Rezept

Gebratene Nesseln

- 80 g Mehl
- 1 Ei
- 150 ml Milch
- 1 Prise Salz
- 50 ml Bier
- 2 Handvoll Taubnesselblätter und Triebspitzen
- Öl zum Ausbacken

Aus Mehl, Ei, Milch, Salz und Bier einen glatten Teig rühren und diesen 20 Minuten quellen lassen. Dann die Taubnesselblätter und Triebspitzen in den Teig tunken und in ausreichend Öl ausbacken.

Extra Tipp

Verwandtschaften im Pflanzenreich lassen sich an den Blüten gut ablesen, so auch hier: Die Blätter sehen denen der Brennnessel zwar ziemlich ähnlich, die Blüten der beiden könnten aber unterschiedlicher nicht sein. Ergo: Sie sind nicht näher verwandt.

Dost Wilder Majoran, Oregano

Sammelzeit: Blätter und Blüten können von April bis September geerntet werden.

Lieblingsort: An sonnigen Waldrändern, Hecken und Zäunen.

Kennzeichen: Die **Pflanze** wird insgesamt 20–60 cm hoch. Die **Blütenröhren** sind höchstens 1 cm lang, hellpurpurn und stehen am Ende der Seitenzweige und des Haupttriebs büschelig zusammen. Die **Blätter** stehen immer zu zweit gegenüber am kantigen Stängel, haben einen abgerundet-dreieckigen bis eiförmigen Umriss, sind mattgrün und riechen aromatisch, wenn man sie zwischen den Fingern reibt.

Aufgepasst! Viele verwechseln den Dost und seinen Duft mit Thymian. Dieser sieht aber ganz anders aus und ist auch viel kleiner (Seite 78).

Schmeckt ... ähnlich wie der Kulturmajoran, aber weniger stark. Er lässt sich frisch oder getrocknet als Gewürz verwenden.

Blitz-Rezept

Italo-Kräutertoast

- 4 Scheiben Toast
- 1 TL scharfer Senf
- etwas Parmesan in feinen Scheiben
- 1 Tomate
- 2–3 EL Dostblätter und Blüten

Toast mit Senf bestreichen und mit dünnen Parmesan- und Tomatenscheiben belegen. Darüber den Dost streuen und bei 200 °C im vorgeheizten Backofen etwa 10 Minuten backen.

Ab Juli können Sie die nun harten Stängel als Spieße einsetzen: zum Beispiel für Fingerfood, Rouladen oder selbst gebastelte Fähnchen.

Thymian Feld-Thymian, Quendel, Sand-Thymian

Sammelzeit: Blätter können Sie das ganze Jahr sammeln, haben von Juni bis September aber das beste Aroma. In diesen Monaten sind auch die milderen, dekorativen Blüten zu sammeln.

Lieblingsort: An sonnigen Böschungen und in trockenen Wiesen.

Kennzeichen: **Blätter** derb und meist kürzer als 1 cm, sitzen immer zu zweit gegenüber am kantigen und unten holzigen Stängel. **Blüten** sind hell- bis dunkelpurpurn. Die **Pflanze** bildet mehr oder weniger dichte Sträucher von meistens nicht mehr als 15 cm Höhe und riecht beim Zerreiben aromatisch-würzig.

Aufgepasst! Thymian wächst unter anderem in artenreichen Magerrasen, die selten geworden sind und daher häufig unter Schutz stehen. Hier sollten Sie auf das Sammeln verzichten und einfach nur den herrlichen Duft, die bunten Blumen und Schmetterlinge genießen.

Schmeckt ... ähnlich wie der Gartenthymian, aber etwas herber und mit dezenterem Aroma. So ist er auch zu verwenden: zum Beispiel als Tee oder Gewürz in Salaten, außerdem in eher fettigen und mediterranen Speisen.

Blitz-Rezept

Duft-Ciabatta

- 4 Scheiben Ciabatta
- 4 EL Olivenöl
- ½ Zehe Knoblauch, Salz und Pfeffer
- 2–3 TL Thymianblätter

Ciabatta mit dem Öl in der Pfanne anrösten und mit der halben Knoblauchzehe auf einer Seite abreiben. Mit Salz, Pfeffer und Thymianblättern würzen.

Extra Tipp

Es gibt mehrere wilde Thymian-Arten, die sich alle optisch und geschmacklich ein wenig unterscheiden. Also: nicht verwirren lassen und immer schön schnuppern, dann können Sie ihn nicht verfehlen.

Indisches Springkraut Drüsiges Springkraut

Sammelzeit: Die Blüten finden Sie von Juni bis Oktober. Ab Ende Juli können Sie die reifen Samen naschen.

Lieblingsort: In Flussauen und anderen feuchten Gebieten.

Kennzeichen: **Pflanze** bildet einen kantigen, hohlen Stängel und wird bis zu 2 oder sogar 3 m hoch. Oben stehen mehrere **Blüten** locker zusammen; sie sind purpurrot, rosa oder weiß und duften stark süßlich (oft schon von Weitem). Aus den Blüten entwickeln sich später die reif braunschwarzen **Samen** in einer grünen, länglichen Kapsel, die bei Berührung explosionsartig aufspringt. Die **Blätter** sind länglich mit gezacktem Rand und einer Länge von 6–25 cm.

Bestand

Aufgepasst! Schütteln Sie die Blüten vor Ort schon und zu Hause noch einmal in einem Sieb, sonst werden Sie viele kleine Tierchen verspeisen.

Schmeckt … Die Blüten schmecken süßlich und eignen sich gut für Gelee, Sirup, Essig oder als schickes Accessoire für den Salat. Die nussigen Samen passen ins Müsli, in Bratlinge oder schmecken unterwegs einfach roh.

Blitz-Rezept

Purpursalat

- je 1 Handvoll Grüner Salat und Rucola
- 4 EL Holunderessig (Seite 108)
- 3 EL Distelöl
- Salz, Pfeffer, Zitronensaft, Rosa Pfeffer
- 1–2 Handvoll Blüten des Indischen Springkrauts

Grünen Salat und Rucola waschen, trockenschleudern und klein rupfen, mit Essig, Öl, Zitronensaft und Gewürzen anmachen und Blüten locker darüber verteilen.

Extra Tipp

Dieses Springkraut kommt eigentlich aus Asien, breitet sich bei uns rasant aus und verdrängt dabei viele heimische Pflanzen. Also: Essen, was das Zeug hält!

Kleiner Wiesenknopf

Sammelzeit: Die Blätter und die kugeligen Blütenstände von April bis August.

Lieblingsort: Auf eher trockenen Wiesen und Rasen.

Kennzeichen: Ganze **Pflanze** wird bis zu 40 cm hoch. Die **Blüten** stehen in eigenartigen rötlich grünen Kugeln oben am Stängel. **Blätter** bestehen aus 4–7 ovalen Blättchenpaaren mit gezackten Rändern und einem einzelnen Blättchen am Ende.

Aufgepasst! Sehr ähnlich, nur größer ist der ungiftige aber derbere **Große Wiesenknopf.** Seine Blütenstände und die Fiederblättchen sind länglicher als die beim Kleinen Wiesenknopf.

Großer Wiesenknopd

Schmeckt ... fein nach Gurke. Die festen Blätter und die Knospen eignen sich daher gut zum Abmildern kräftigerer Zutaten oder passen direkt zu Gurken.

Blitz-Rezept

Frische-Dip

- 10 Wiesenknopfblätter
- 5 Blütenknöpfchen
- 1 Becher Joghurt
- ½ TL gemahlener Kreuzkümmel
- Zitronensaft, Salz, Pfeffer, Rosa Pfeffer

Blätter fein hacken und mit Joghurt und Kreuzkümmel mischen. Das Ganze mit Zitronensaft, Salz und Pfeffer abschmecken und mit Blütenknöpfchen und grob zerstoßenem Rosa Pfeffer schmücken. Passt gut zu Chips, Tacos, Salat und Falafel.

Der Kleine Wiesenknopf wird übrigens landläufig auch Pimpinelle genannt. Das ist allerdings etwas verwirrend, da eine andere Wiesenpflanze, die Bibernelle, ebenfalls so bezeichnet wird.

Gundermann Gundelrebe

Sammelzeit: Ist das ganze Jahr zu finden, am zartesten ist er aber im Frühjahr. Die essbaren Blüten gibt es von April bis Juni.

Lieblingsort: In Gärten, an Wald- und Wegrändern.

Kennzeichen: Das ganze **Kraut** wächst (zunächst) niederliegend und wird bis zu 40 cm lang. **Blätter** rund mit Einkerbungen, etwas rau, immer zwei sitzen am Stängel gegenüber und haben einen langen Blattstiel. **Blüten** hellviolett, sitzen direkt am Stängel zwischen den Blättern.

Blätter

Aufgepasst! Der ungiftige **Günsel** sieht dem Gundermann auf den ersten Blick sehr ähnlich. Seine Blätter sind aber eher länglich und sitzen ungestielt am Stängel. Außerdem fehlt ihm der kräftige Geruch.

Günsel

Schmeckt ... stark würzig-herb und wird daher vor allem – roh oder gekocht – als Gewürz verwendet. Er lässt sich aber auch gut mit Süßem kombinieren: einfach in zerlassene Bitterschokolade tauchen oder gering dosiert und fein gehackt ins Müsli mit Joghurt und geriebenem Apfel geben.

Blitz-Rezept

Gundermann-Creme

- etwa 30 junge Gundermannblätter
- ½ weiche Avocado
- Saft einer halben Zitrone
- Salz

Gundermannblätter klein hacken und auf die ausgelöste Avocado geben. Zitronensaft und Salz zugeben und alles mit einer Gabel fein zerdrücken. Lecker zu Kartoffeln, Chips oder auf Brot.

Extra Tipp

Der Gundermann schmeckt sehr kräftig. Lernen Sie ihn also lieber langsam kennen: Riechen Sie erst einmal an den Blättern, um zu sehen, ob Sie das Aroma überhaupt mögen. Dann können Sie mit wenigen Blättern das erste Gericht starten.

Veilchen März-Veilchen, Duftendes Veilchen

Sammelzeit: Die Blüte- und damit Sammelzeit ist der März bis in die ersten Tage des Aprils. Dann besteht keine Verwechslungsgefahr und Sie können auch die Blätter für Salate ernten.

Lieblingsort: An Waldrändern.

Kennzeichen: **Blüten** mit 5 violetten Blütenblättern und aromatischem Duft; der Blütenstängel trägt keine Blätter. **Blätter** rundlich bis nierenförmig. Das ganze **Pflänzchen** wird nur 10 cm hoch, bildet aber am Boden kriechende seitliche Ausläufer.

Aufgepasst! Es gibt viele Veilchenarten, die ähnlich aussehen. Der Duft verrät Ihnen aber, wenn Sie das richtige gefunden haben.

Schmeckt ... Blüten schmecken süßlich-mild nach Blume und passen daher in milde (Obst-)Salate, zu Milchprodukten und Süßspeisen. Meistens werden sie zur Dekoration verwendet oder zu Saft, Gelee oder Essig verarbeitet.

Blitz-Rezept

Aromajoghurt

- 1 Becher Sahnejoghurt
- 1 Päckchen Vanillezucker
- 30 g Pinienkerne
- 1 TL Honig
- 1 Handvoll Veilchenblüten

Joghurt in ein flaches Schüsselchen geben und mit Vanillezucker kräftig mischen. Pinienkerne sanft anrösten, mit den Blüten und dem Honig auf dem Joghurt verteilen.

Extra Tipp

Besonders beliebt sind kandierte Veilchen. Sie verzaubern alles Süße in eine märchenhafte Besonderheit. Ein ganz einfaches Rezept zum Kandieren von Blüten finden Sie auf Seite 117.

Brennnessel

Sammelzeit: Praktisch das ganze Jahr über, am besten aber im Frühling und Sommer. Am aromatischsten sind die Triebspitzen mit den noch jungen Blättern. Im Herbst sind die winzigen Früchte reif.

Lieblingsort: Vor allem in Gärten und an Wald- und Wegrändern.

Kennzeichen: **Blätter** sind am Rand deutlich gezackt und brennen bei Berührung. **Blüht** unauffällig in winzigen grünen Blütchen. **Samen** hängen wie in einer winzigen Traube, sind erst grün, im reifen Zustand färben sie sich dunkel.

Aufgepasst! Damit das Ernten möglichst wenig Verdruss bringt: mit Handschuhen ernten, nur die obersten Triebspitzen (zwei kleine und zwei größere Blätter) abzupfen oder oben festhalten und unten mit der Schere abschneiden.

Schmeckt ... Die Blätter erinnern gekocht an Spinat. Am besten verwendet man sie als Gewürz zum Beispiel zu Eierspeisen, zusammen mit anderen Wildkräutern in Mischgerichten und Salaten oder als Tee (schmeckt nur frisch aufgegossen!). Die Samen (Bild links) schmecken nussig: einfach pur über den Salat streuen oder aufs Butterbrot.

Blitz-Rezept

Kräuterbrot

- 5 Triebspitzen der Brennnessel (die oberen 4 Blätter)
- 5 Blätter Zitronenmelisse
- 1 Stück Butter
- 1 Messerspitze Senf
- 1 Scheibe Brot

Kräuter ganz fein hacken oder in der Kräutermühle zerkleinern, mit Butter und Senf mischen und aufs Brot streichen.

Sie brennt nicht,

- wenn sie mechanisch stark beansprucht wurde: mit dem Nudelholz gequetscht, fein gehackt, kräftig verrührt;
- wenn sie mit heißem Wasser überbrüht wird;
- wenn sie gekocht ist.

Spitzwegerich

Sammelzeit: Junge Blätter (aus der Mitte der Rosette) von April bis August, von Mai bis Juli die Blütenknospen und von August bis Oktober die Früchte.

Lieblingsort: Auf Rasen, Wiesen und an Wegrändern.

Kennzeichen: **Blätter** sind sehr lang und spitz, mit kräftigen Längsadern, die auf der Blattunterseite deutlich hervorstehen, kräftig grün. Die **Blütenknospen** sind unscheinbar und sitzen an einem die Blätter überragenden Stiel in einer kompakten Ähre zusammen. Je eine Reihe der Knospen öffnet sich zu winzigen **Blüten** und verschafft dem Kraut ein „Krönchen“ aus weißen Staubbeuteln an langen Fäden.

Blütenähre

Aufgepasst! Mancherorts gibt es weitere ähnliche Wegerich-Arten, die aber genauso zu verwenden sind. Je fester die Konsistenz der Blätter, desto feiner werden sie geschnitten.

Schmeckt ... Die Blätter sind etwas bitter, haben aber interessanterweise einen deutlichen Pilzgeschmack, wenn man sie 20 Minuten kocht. So werden sie als Gemüse, in Suppen, Soßen und Mischgerichten verwendet, in roher Form klein geschnitten auch in Salaten und Kräuterquark. Knospen und Samen schmecken nussig entweder roh oder in der Pfanne geröstet.

Blitz-Rezept

Blattschokolade

- junge Wegerichblätter
- Bitterschokolade

Wegerichblätter auf Backpapier legen und die Schokolade schmelzen lassen. Mit einer Gabel oder einer feinen Tülle wilde Streifen oder lustige Gesichter auf die Blätter malen und erkalten lassen.

Extra Tipp

Aus den Blütenähren können Sie auch Wegerich-Kapern herstellen, genau wie aus Knospen vieler anderer Arten. Ein Rezept dazu finden Sie auf Seite 106.

Breitwegerich

Sammelzeit: Junge Blätter aus der Mitte der Rosette von April bis August, von Mai bis Juli die Blütenknospen und von August bis Oktober die Samen.

Lieblingsort: Auf und neben Trampelpfaden, auf Rasen und Wiesen.

Kennzeichen: **Blätter** sind in einer mehr oder weniger liegenden Rosette angeordnet, haben einen kräftigen Stiel, eine sanfte Spitze und deutliche Längsadern, die auf der Blattunterseite hervortreten. Die winzigen, unscheinbaren **Knospen und Samen** sitzen an einer langen, schlanken Ähre, die spitz zuläuft und im Ganzen verwendet wird.

Blattrosetten Mittlerer Wegerich

Aufgepasst! Die Blätter des **Kleinen Wegerichs** haben einen welligeren Rand, denen des **Mittleren Wegerichs** fehlt der Blattstiel. Beide können Sie aber problemlos verwenden.

Schmeckt ... ähnlich wie der Spitzwegerich (Seite 88) und wird genauso verwendet. Da er aber festere Blattadern hat, empfiehlt es sich, diese von der Unterseite mit einem flach aufgelegten Messer zu entfernen.

Blitz-Rezept

Wegerichsalat

- 1 Handvoll Breitwegerichblätter
- 1 Handvoll anderer Blattsalat
- 1 Handvoll Breitwegerichähren (grüne Kolben)
- Balsamicoessig, Olivenöl, Salz und Pfeffer

Breitwegerichblätter und anderen Blattsalat in grobe Streifen schneiden. Große Samenstände ebenfalls etwas in Stücke schneiden. Mit Essig, Öl, Salz und Pfeffer anmachen.

Extra Tipp

Auf dem Breitwegerich haben Sie zum „Malen“ eine größere Fläche, die Ihrer Fantasie für das Rezept auf Seite 88 noch mehr Raum gibt.

Sauerampfer

Sammelzeit: Die Blätter stehen von März bis Oktober für die Wildkräuterküche zur Verfügung, sind vor der Blüte aber am wenigsten bedenklich. Triebspitzen können im zeitigen Frühjahr mitgeerntet werden.

Lieblingsort: Auf Wiesen und Weiden, gerne auf lehmigem Boden.

Kennzeichen: **Blätter** sind etwas ledrig, länglich, pfeilförmig mit einer Spitze und nach unten zeigenden spitzigen Zipfeln, die Blätter am Boden haben lange Stiele, die am bis zu 120 cm hohen Stängel nur kurze oder keinen. Der Geschmack ist eindeutig sauer. **Blüht** im Mai und Juni rötlich grün in winzigen Blüten.

Junge Blätter

Aufgepasst! Viele andere ungenießbare Ampfer-Arten sehen beim ersten Hinsehen ähnlich aus. Die Größe der Pflanze, die Blattform und der Geschmack sind entscheidend. In größeren Mengen kann Sauerampfer gesundheitsschädlich sein (siehe Extra-Tipp).

Schmeckt ... säuerlich-zitronig. Am besten verwenden Sie ihn roh in Salaten oder kurz gegart in Suppen, Soßen oder als frische Würze zu fettigen Gerichten. Pur von der Pflanze ist er ein erfrischender Genuss.

Blitz-Rezept

Sauerampferpasta

- 1 Handvoll Sauerampfer
- 100 g Pasta
- ½ Zehe Knoblauch
- Olivenöl
- Salz, Pfeffer, Parmesan

Sauerampfer in feine Streifen schneiden, dann die Nudeln in gut gesalzenem Wasser kochen. In der Zwischenzeit Öl in einer Pfanne erhitzen und Knoblauch im warmen Öl etwas andünsten. Das Knoblauchöl mit den Nudeln und dem Sauerampfer mischen, mit Salz, Pfeffer und Parmesan abschmecken.

Extra Tipp

Sie sollten Sauerampfer nicht monatelang regelmäßig zu sich nehmen, da er sonst wegen der enthaltenen Oxalsäure Nierenschäden hervorrufen kann. Ab und zu eine Suppe und ein paar Blättchen im Salat können Sie aber mit ruhigem Gewissen genießen.

Beifuß

Sammelzeit: Die oberen Blätter und Knospen können Sie von Mai bis September sammeln. Je früher, desto milder.

Lieblingsort: An Weg- und Feldrändern, Ufern und in Brachflächen.

Kennzeichen: Die **Pflanze** wird ½ – 2 m hoch und hat einen rötlich braunen Stängel. Ihre **Blätter** sind unregelmäßig geschlitzt und haben mehr oder weniger breite, spitz zulaufende Lappen, die Unterseite ist hell filzig, die Oberseite grün. Entlang der Zweige sitzen winzige, gelblich grüne Blüten in 2–3 mm großen Köpfchen.

Aufgepasst! Der Beifuß ist mit seiner sehr bitter schmeckenden Schwesternart, dem **Wermut**, zu verwechseln. Dessen Blätter sind aber auf beiden Seiten filzig behaart, sodass er ganz gräulich grün aussieht.

Wermutblatt

Schmeckt ... herb-würzig und leicht bitter als frisches oder getrocknetes Gewürz vor allem zu Fleisch oder Kartoffeln.

Blitz-Rezept

Kartoffelbrei mit Würze

- 5 große Salzkartoffeln
- etwa 150 ml heiße Milch
- 30 g Butter
- Salz, Muskat und fein geriebener Meerrettich nach Belieben
- 3 EL fein gehackter Beifuß

Kartoffeln gut weich kochen und mit einer Gabel zerdrücken. Je nach gewünschter Konsistenz Milch und Butter zugeben. Nach Belieben mit Salz, Muskat und Meerrettich würzen und mit dem Beifuß mischen.

Extra Tipp

Alten Beifuß, den Sie nicht mehr zum Kochen verwenden würden, können Sie noch gut als Räucherwerk einsetzen: Einfach auf ein feuerfestes, feines Sieb legen und über eine Kerze halten – das vertreibt unangenehme Gerüche und Geister.

Buchenblätter Rotbuche

Sammelzeit: Die jungen, noch zarten Blätter von April bis Mai.

Lieblingsort: Vor allem in Laub- und Mischwäldern, aber auch in Parks und als einzelne Bäume.

Kennzeichen: Wird als ausgewachsener **Baum** bis zu 40 m hoch. **Blätter** bis 10 cm lang, eiförmig und zugespitzt, am Rand leicht wellig. Ganz jung sind sie recht weich und hellgrün.

Aufgepasst! Auf den ersten Blick hat die **Hainbuche** ähnliche Blätter. Diese sind allerdings längs der Blattnerven sehr faltig und am Rand gezähnt.

Hainbuche

Schmeckt ... frisch-säuerlich und eignet sich daher gut als pure Erfrischung unterwegs oder in Salaten und Gemüse. Über Nacht in Wasser eingelegt ergeben sie ein leicht säuerliches Erfrischungsgetränk, das mit Zucker und Kohlensäure zur Frühlingslimonade aufgepeppt werden kann.

Blitz-Rezept

Frühlingsschiffchen

- 1 Apfel in 8 Spalten
- 8 junge Buchenblätter
- Zimt, Vanillezucker oder Kardamom

Buchenblätter mit je einem Zahnstocher auf dem mit Zimt, Vanillezucker oder Kardamom bestäubten Apfelschiffchen befestigen – fertig.

Extra Tipp

Die meisten Buchenblätter wachsen hoch oben in den Baumwipfeln. Wenn Sie kein furchtloser Kletterer sind, können Sie auch einfach nach jungen Bäumchen in Reichweite Ausschau halten.

Fichtenspitzen

Sammelzeit: Im März und April werden die weichen, hellgrünen Triebe gesammelt.

Lieblingsort: In Forsten und Wäldern.

Kennzeichen: Die **Nadeln** stehen rund um den Zweig, sind mittelgrün und haben eine stachelige Spitze. Die langen **Zapfen** hängen nach unten und fallen im Ganzen ab.

Aufgepasst! Mit **Tanne**, **Douglasie** und **Eibe** ist die Fichte zu verwechseln. Die ersten beiden können Sie theoretisch auch gut verwenden, wobei Tannen mit ihren dunklen, stumpfen Nadeln (zwei Spitzchen) aufgrund ihrer Seltenheit fast zu schade sind. Die giftige **Eibe** hat zeitweise rote Früchte und ähnlich wie die Tanne weiche, dunkle, breitere Nadeln.

Eibe

Tanne

Schmeckt ... harzig-aromatisch und wird als Tee aufgegossen oder zu „Fichtenhonig" (Seite 111) und Likör verarbeitet.

Blitz-Rezept

Wald-Honigtee

- 1 Handvoll Fichtenspitzen
- Honig und Zitronensaft nach Belieben

Fichtenspitzen mit 1 l kochendem Wasser aufgießen und 7 Minuten ziehen lassen. Honig und Zitronensaft nach Geschmack zugeben. Gut bei Husten und Erkältung.

Da, wo Sie die Spitzen abbrechen, kann der Baum nicht weiterwachsen. Daher sollten Sie von einem Baum nur wenige Spitzen und niemals die von ganz oben nehmen.

Vom Korb auf den Teller

Kräuter verarbeiten

So. Jetzt haben Sie also fleißig bestimmt und gesammelt, sind wieder gut zu Hause angekommen und bekommen langsam Hunger. Bevor es zu den Rezepten geht, hier ein paar Tipps für die ersten Handgriffe in der Küche und wie die Ernte zu konservieren ist.

Erntefrisch auf den Tisch.

Je frischer desto besser ...

... so ist das eben mit den Vitaminen. Oft empfiehlt es sich aber, die Pflanzenteile erst auf einem Blech oder Ähnlichem (im Garten) auszubreiten, damit kleine Tiere das Weite suchen können. Wenn Sie dann nicht sofort alles verarbeiten wollen, können Sie Ihr Erntegut in einem feuchten Tuch im Gemüsefach des Kühlschranks gut einen Tag aufbewahren.

Noch eine Gelegenheit

Wenn Sie zu Hause Ihren Korb leeren, haben Sie noch einmal eine Gelegenheit, Ihr Sammelgut genau anzusehen und ungenießbare „blinde Passagiere“ auszusortieren.

Waschen oder nicht waschen?

Eine Frage, über die die Meinungen geteilt sind. Hier einige Entscheidungshilfen:

- Beim Waschen landet immer ein Teil der gesunden und schmackhaften Inhaltsstoffe im Abfluss. Das ist schade, kann bei recht bitteren Pflanzen aber auch förderlich sein.
- Blüten sollten Sie auf keinen Fall waschen, sie fallen zusammen oder verkleben, saugen sich voll und verlieren oft wesentlich an Geschmack.
- Je sauberer die Pflanzenteile sind oder schon vor Ort gemacht werden, desto weniger ist Waschen nötig.
- Pflanzen, die Sie trocknen wollen, sollten Sie nicht waschen. Die Gefahr, dass sie nicht ordentlich

Waschen oder lieber nur mit einem Tuch abwischen?

trocknen und dann schimmeln ist zu groß. Oft hilft aber sanftes Abwischen mit einem Tuch gegen Verschmutzungen.

- Je größer die Angst vor Fuchsbandwurmeiern oder anderen Verunreinigungen, desto beruhigender kann gründliches Waschen sein. (Den Garaus machen Sie ihnen aber nur, wenn Sie das Sammelgut erhitzen.)

Kräuter klein kriegen

Oft braucht man die Kräuter nicht im Ganzen oder grob geschnitten, sondern ziemlich klein gehackt. Oft tut's ein scharfes **Küchenmesser**, doch für größere Mengen kann das Zerkleinern eine langwierige Geschichte werden.

Eine echte Hilfe sind eine **Kräutermühle**, die es in verschiedenen Variationen gibt, ein kleiner **Mixer** mit scharfem Messer, eine **Kräuterschere** oder das gute alte **Wiegemesser**. Vor allem getrocknete Kräuter bekommen Sie mit einem **Mörser** sehr fein zerkleinert (besonders gut geht das mit etwas Salz).

„Old school" aber immer noch effizient ist das Zerkleinern mit dem Wiegemesser.

Trocknen und einfrieren

Am besten, Sie konsumieren Ihre gesammelten Kräuter und Blüten gleich, denn durch das Trocknen oder Einfrieren verliert sich bei vielen Arten der Geschmack oder sie werden bitter. Deshalb nur wenige Hinweise zu diesen Methoden:

- Giersch, Brennnessel und Sauerampfer lassen sich einfrieren, sofern Sie sie danach kochen wollen.
- Gewürze wie Dost, Beifuß und Thymian sind auch getrocknet gut zu verwenden. Trocknet man Huflattich, so passiert sogar Kurioses: sein Geschmack erinnert dann an Meeresfrüchte.
- Achten Sie beim Trocknen darauf, dass Sie die Pflanzen nicht feucht sammeln oder waschen.
- Sie sollten sie in kleinen Sträußchen kopfüber aufhängen oder auf einem Rost, Netz oder Tuch ausbreiten und an einem warmen, trockenen Ort im Haus trocknen (draußen ziehen sie nachts immer wieder Luftfeuchtigkeit). Bevor Sie die Kräuter zur Aufbewahrung in Dosen oder Gläser füllen, sollten sie wirklich stohtrocken sein.
- Kontrollieren Sie immer wieder, ob sich nicht doch Schimmel gebildet hat, der ist äußerst ungesund.

Wenn Beifuß an einem sonnigen Tag gesammelt wird, eignet er sich gut zum Trocknen.

Neben dem Trocknen und Einfrieren gibt es aber noch weitere Möglichkeiten der Konservierung. Rezepte dazu finden Sie auf den folgenden Seiten.

Länger genießen

Nicht immer kann man alles Gesammelte gleich konsumieren. Zudem ist es schön, auch neben der Saison Wildpflanzen im Kühlschrank zu haben oder eine Kostprobe verschenken zu können. Gut, dass es konservierende Rezepte gibt, die sich geschmacklich lohnen.

Salzige Kräutermischung

- 6 Teile Wildkräuter
- 1 Teil Salz

Kräuter fein hacken, Salz zugeben und eine halbe Stunde stehen lassen. Während dieser Zeit mehrmals rühren. Dann in ein sauberes Glas füllen und im Kühlschrank aufbewahren. Von dieser Mischung können Sie teelöffelweise Kräuter entnehmen und für Salate, Suppen und Soßen gut verwenden. Bedenken Sie aber, dass die Kräuter schon ordentlich gesalzen sind. Hält etwa 4 Monate.

Kapern aus wilden Knospen

- Knospen von Gänseblümchen, Bärlauch oder Löwenzahn
- weißer Balsamicoessig
- Wasser
- Salz

Knospen in einen Topf geben, mit ungefähr 2/3 Essig und 1/3 Wasser gut bedecken, kräftig salzen und 5 Minuten kochen lassen. Heiß in Gläser füllen und mindestens 1 Woche durchziehen lassen. So halten sie sich etwa 1 Jahr.

Mehr Würze in die Kapern

Sie können alle möglichen Gewürze mit in den Sud geben. Wie wäre es mit Senfkörnern, Dill, Estragon, Zwiebeln, Knoblauch, Chili, Ingwer, Paprika?

Pesto

- 50 g Wildkräuter (dürfen nicht nass sein)
- 2 EL leicht geröstete Pinien- oder Walnusskerne
- 2 EL fein geriebener Parmesan
- etwa 150 ml Olivenöl
- 1 gestr. TL Salz

Alles fein vermixen, in ein sauberes Glas füllen und immer gut mit Olivenöl bedeckt im Kühlschrank lagern. Idealerweise sollte das Pesto innerhalb von 4 Monaten aufgebraucht werden. Wenn Sie Käse und Pinienkerne weglassen, hält es sich leicht 10 Monate.

Holleressig

- Holunderblüten
- Weißweinessig
- Wasser

Ein verschließbares Glas höchstens zu 4/5 mit Holunderblüten füllen (etwa 2 Handvoll passen in ein 500-ml-Glas), dabei müssen die Blütenschirme leicht gedrückt werden. Das Glas zu zwei Drittel mit Weißweinessig und zu einem Drittel mit Wasser füllen, verschließen und an einem dunklen Ort etwa 6 Wochen stehen lassen. Nach dieser Zeit ist der Essig fertig und Sie können ihn durch ein Geschirrtuch abseihen und in Flaschen füllen. Fertig ist ein milder, leicht blumig schmeckender Essig, der zu vielen Salaten und in Soßen und Suppen passt. Er ist 1 Jahr haltbar.

Hollersirup

- 3 l Wasser
- 2 kg Zucker
- 3 unbehandelte Zitronen
- 50 g Zitronensäurepulver
- etwa 30 Holunderblütenschirme

In einem großen Topf den Zucker im Wasser auflösen und das Gemisch zum Kochen bringen, dann den Topf wieder vom Herd nehmen. Zitronen in Scheiben schneiden und mit der Zitronensäure und den Blüten ins Zuckerwasser geben. Das Ganze auf Zimmertemperatur abkühlen lassen und für eine Woche in den Kühlschrank stellen. Nach dieser Zeit den fertigen Sirup durch ein Tuch seihen und in heiß ausgespülte Flaschen füllen.

Ein Schuss von diesem Sirup verleiht kühlem Wasser, Weißwein oder Sekt einen unnachahmlich blumig-frischen Geschmack.

Ein paar Tipps für Ihre Sirupküche:

- Statt der Zitronen können Sie auch Limetten nehmen, die geben dem Sirup eine besondere Note.
- Die durchgezogenen Zitrusfrüchte können Sie dann ganz klein hacken und zum Beispiel für Zitronenkuchen verwenden.

- Besonders praktisch ist ein Spargeltopf mit Einsatz, da können Sie das Gros Blüten am Ende bequem aus dem Sirup holen.

Löwenzahnsirup

- 2 Handvoll Löwenzahnblüten
- 2 Tassen Wasser
- 2 Tassen Zucker

Blüten mit dem Wasser wenige Minuten aufkochen, über Nacht stehen lassen und Flüssigkeit abseihen. Den Sud mit dem Zucker kochen bis er gut eingedickt ist und noch heiß in saubere Gläser füllen. Schmeckt auf einem Butterbrot oder in Tee, Desserts und Salatdressings.

Blütengelee „Indie“

- 100 g Blüten des Indischen Springkrauts
- 1 l Wasser
- 500 g Gelierzucker 3:1
- 15 g Agar Agar
- 5 g Zitronensäure

Blüten in Wasser aufkochen und wieder abkühlen lassen. Gelierzucker, Agar Agar und Zitronensäure in den erkalteten Sud einrühren und das Ganze 4 Minuten kochen lassen, während der weiße Schaum abgeschöpft wird. Abgekühlt direkt aufs Brot geben oder noch heiß in saubere Gläser füllen.

Knöterich-Relish

- 4 Teile junge Sprosse des Japanischen Knöterichs
- 1 Teil Karotten, in feine Streifen geschnitten
- 1 Teil rote Zwiebeln, fein gewürfelt
- Chilisoße (Asialaden) nach Belieben
- Salz, Pfeffer, frischer Knoblauch und Ingwer

Den in feine Ringe geschnittenen Knöterich mit Karottenstreifen und Zwiebeln in etwas Pflanzenöl anschwitzen. Je nach gewünschter Schärfe mit Chilisauce würzen und etwas einkochen lassen. Mit Salz, Pfeffer und fein geschnittenem Knoblauch und geriebenem Ingwer abschmecken und noch einmal kurz aufkochen lassen. In saubere Gläser füllen. Passt gut als Grundlage für asiatische Reisgerichte oder als Soße zu Fleisch.

Fichtenhonig

- Fichtenspitzen
- Rohrzucker (1 kg auf 1 l Sud)

Die Fichtenspitzen in einen Topf geben, knapp mit Wasser bedecken und 3-mal aufkochen lassen. 2 Tage an einem kühlen Ort ziehen lassen und danach durch ein Tuch abseihen. Den Sud mit dem Zucker so lange einkochen, bis er honigartig dick wird – das kann bis zu 5 Stunden dauern. Schmeckt als Brotaufstrich oder im Tee und ist wohltuend bei Husten und Erkältungen.

Frisch gemischt

Ob in Aufstrichen, Suppen, Bratlingen und Eierspeisen – wie viele Pilze ergeben frische Wildkräuter oft als Mischung einen wunderbar runden Gesamtgeschmack. Optischer Höhepunkt sind da natürlich die Blüten. Viel Spaß beim Kombinieren und Ausprobieren!

Frühlings-Kräuterbutter

- 100 g Frühlingskräuter (zum Beispiel Bärlauch, Giersch und Gänseblümchen)
- 1 EL Zitronensaft
- 125 g weiche Butter
- Salz

Kräuter hacken und mit dem Zitronensaft und dem Salz unter die Butter mengen. Mit Gänseblümchen, Löwenzahn- oder Wiesenschaumkrautblüten verzieren. Passt gut zu Gemüse, Kartoffeln oder aufs Brot.

Sommer-Kräuterbutter

- 100 g Sommerkräuter (zum Beispiel Sauerampfer, Thymian und Dost)
- 1 EL Weißwein
- 125 g weiche Butter
- Salz

Kräuter hacken und mit Wein und Salz unter die Butter mengen. Zum Beispiel mit Dostblüten verzieren. Schmeckt besonders gut zu gegrilltem Fisch, Fleisch oder Gemüse.

Herbst-Kräuterbutter

- 100 g Herbstkräuter (zum Beispiel Löwenzahn, Brennessel, Giersch und Gundermann)
- 1 gestr. EL Tomatenmark
- 125 g weiche Butter
- Salz und Pfeffer

Kräuter hacken und mit Salz und Pfeffer unter die Butter mengen. Zum Beispiel mit Taubnesselblüten, Löwenzahnblüten oder kleinen Gundermannblättern verzieren. Lecker zu deftigen Brotzeiten oder Pasta.

Frische Noten

Zitronensaft, Zitronenmelisse, Zitronenverbene, Ingwer, Weißwein und Essig tun Wildkräutern gut. Sie runden den oft etwas herb-bitteren Geschmack angenehm ab. Nur zu viel nehmen dürfen Sie nicht, sonst schmeckt man nichts mehr von der Natur.

Wildkräutersoufflé

Für 3–4 Personen:

- 60 g Butter
- 40 g Mehl
- 6 getrennte große Eier
- 100 g geriebener Emmentaler
- 80 g gehackte Wildkräuter
- Salz und Pfeffer
- 100 g Saure Sahne

Butter in einem Topf schmelzen lassen und Mehl einrühren, dann vom Herd nehmen und mit Eigelb, Käse, Kräutern, Salz und Pfeffer verrühren. Den Schmand zugeben, die Masse auf kleiner Flamme unter Rühren eindicken lassen und wieder vom Herd nehmen. Eiweiß zu einem festen Schnee schlagen und nach und nach unter die Masse heben.

Das Ganze in eine gefettete Souffléform geben und 180–190 °C im Backofen für 15 Minuten backen. Erhöhen Sie nach dieser Zeit die Temperatur für 5 Minuten auf 250 °C, damit das Soufflé oben goldbraun wird. Sofort servieren, zum Beispiel mit einem Salat.

Wichtig: Während des Backens den Ofen nicht öffnen, sonst fällt es zusammen.

Wildkräuterpfannkuchen

Für 2 Personen:

- 80 g Mehl
- 1 Ei
- 175 ml Milch
- 2 Prisen Salz, etwas Pfeffer
- 30–40 g Wildkräuter

Aus Mehl, Ei, Milch, Salz und Pfeffer einen glatten Teig rühren. Dann die Kräuter fein hacken und unter den Teig rühren. Pfannkuchen in Öl ausbacken und zum Beispiel mit etwas Parmesan genießen.
Wer's mag: Ein Schuss Bier im Teig gibt diesem eine feinherbe Note.

Neunkräutersuppe

Für 4 Personen:

- je 1 Handvoll von 9 verschiedenen Frühlingskräutern (Bärlauch, Giersch, Brennessel, Gänseblümchen, Gundermann, Taubnessel, Löwenzahn, Knoblauchsrauke, Spitzwegerich)
- 1 Zwiebel
- 1 EL Mehl
- 100 ml Weißwein
- mindestens 200 ml Wasser oder Milch
- 100 g Schmand
- Salz, Pfeffer

Kräuter fein hacken und beiseite stellen. Die Zwiebel fein würfeln, in etwas Butter glasig dünsten und mit Mehl bestäuben. Umrühren und mit Weißwein ablöschen. Kräuter und Wasser oder Milch zugeben und 15 Minuten köcheln lassen. Am Schluss mit Schmand und Wasser oder Milch auf die gewünschte Konsistenz bringen und mit Salz und Pfeffer abschmecken.

Sauerampfer und „Falsche Pilze“

Nehmen Sie statt der 9 Wildkräuter einfach Sauerampfer und tauschen Sie den Schmand durch Saure Sahne aus. Fertig ist die Sauerampfersuppe. Wenn Sie nur Spitzwegerich nehmen und das Ganze 25 Minuten köcheln lassen, bekommen Sie eine leicht bittere, nach Pilzen schmeckende Suppe.

Kandierte Blüten

- 1 Eiweiß
- 2 Handvoll Blüten
- etwas feiner Zucker

Eiweiß leicht schlagen und mit einem Pinsel die Veilchenblüten sanft bestreichen. Über diese den Zucker streuen und bei 50 °C im geöffneten Backofen trocknen. Solche Blüten zieren allerlei Süßspeisen und fruchtige Salate. Sie halten sich in einem gut verschlossenen Gefäß etwa 2 Wochen.

Wildkräutertaler

Für 4 Personen:

- 100 g frische Wildkräuter
- 3 Eier
- 200–250 g Semmelbrösel
- 1/8 l Milch
- nach Belieben etwas Käse, fein gerieben

Eier verrühren, Kräuter fein hacken und mit Semmelbröseln, Milch und Käse nach Wunsch in einer Schüssel verrühren. In reichlich Öl etwa 1 EL große Taler anbraten. Schmecken besonders fein zu Salat und Joghurtsoße.

Noch Fragen?

INFO

Kräuterexperte werden

Sie haben Lust bekommen auf mehr Kräuterwissen? Egal, ob Sie einfach ein bisschen mehr über essbare Wildpflanzen und ihre Verarbeitung erfahren oder sich richtig ins Thema vertiefen wollen – hier finden Sie Tipps für Ihre Weiterbildung.

Bücher zum Erkennen

Bücher, in denen Sie mehr über essbare Wildpflanzen erfahren, gibt es einige. Jedes hat eine etwas andere Ausrichtung. Wenn Sie sich tiefer mit Wildkräutern befassen wollen, schmökern Sie doch zum Beispiel in dem ausführlichen Buch **Essbare Wildpflanzen** von Steffen Guido Fleischhauer und anderen Autoren – 200 Arten sind darin aufgeführt jeweils mit Hinweisen zur Verwendung. Etwas handlicher ist **Essbare & giftige Wildkräuter** von Bruno P. Kremer. In diesem Buch finden Sie auch gleich giftige Pflanzen und so manche kulinarische Kuriosität wie zum Beispiel Algen.

Für den Fall, dass Sie Ihr Wissen auf Beeren, Nüsse, Pilze und Heilpflanzen ausweiten wollen, seien Ihnen die praktischen Büchlein **Beeren finden!** (Christine Schneider), **Pilze finden!** (Christine Schneider und Maurice Gliem) und **Heilpflanzen finden!** (Rudi Beiser) ans Herz gelegt. Damit lernen Sie Schritt für Schritt und auf unterhaltsame Weise alles Wichtige fürs Sammeln, Bestimmen und Zubereiten.

Feine Rezepte

Wildkräuterrezepte vom Spitzenkoch erfahren Sie in dem Buch **So schmecken Wildpflanzen** von Meinrad Neunkirchner (auch „Meister der Aromen“ genannt) und Katharina Seiser. Besonders reizend sind auch die Rezepte von Ursel Bühring, die in ihrem Buch **Blütenküche** viele sehr dekorative Rezeptideen vorstellt.

Erstmal probieren

Auf Märkten, von allem aber im Internet bieten viele Kräuterexperten ihre Produkte an. So haben Sie die Möglichkeit, ganz ohne Aufwand das eine oder andere Wildkraut zu probieren. Peter Becker (**www.newtritionink.de**) zum Beispiel stellt in seiner Manufaktur einiges Interessante aus wilden Kräutern und Beeren her.
Auf der Seite **www.essbare-wildpflanzen.de** finden Sie noch weitere Adressen für solcherlei Kostproben.

Von Profis lernen

Ebenfalls im Internet, aber auch bei Organisationen wie dem NABU, Volkshochschulen oder Kräuterschulen werden **Kräuterwanderungen** angeboten, auf denen Sie einiges lernen und auch fragen können. Häufig sind es Botaniker, Kräuterpädagogen oder Heilpraktiker, die solche Exkursionen führen.

In der Not: Giftnotruf

Obwohl wilde Kräuter viel einfacher zu bestimmen sind als zum Beispiel Pilze, kommt es leider auch hier immer wieder zu Vergiftungen. Für solche Fälle haben die meisten Städte Giftnotrufe, die Sie auf den ersten Seiten im Telefonbuch finden und rund um die Uhr erreichbar sind (häufig ist es die **19240**). Außerdem können Sie sich an die Giftinformationszentralen wenden:

Baden-Württemberg:	Vergiftungs-Informationszentrale Freiburg www.uniklinik-freiburg.de/giftberatung Telefon 0761 19240
Bayern:	Giftnotruf München an der Toxikologischen Abteilung der II. Medizinischen Klinik der Technischen Universität München www.toxinfo.org Telefon 089 19240
Berlin, Brandenburg:	Institut für Toxikologie, Giftnotruf Berlin (Berliner Betrieb für zentrale gesundheitliche Aufgaben) www.giftnotruf.de Telefon 030 19240
Bremen, Hamburg, Niedersachsen, Schleswig-Holstein:	Giftinformationszentrum Nord www.giz-nord.de Telefon 0551 19240
Nordrhein-Westfalen:	Informationszentrale gegen Vergiftungen des Landes Nordrhein-Westfalen www.meb.uni-bonn.de/giftzentrale Telefon 0228 19240

Rheinland-Pfalz, Hessen:	GIM Giftinformationszentrum der Länder Rheinland-Pfalz und Hessen in Mainz www.giftinfo.uni-mainz.de Telefon 06131 19240
Saarland:	Informations- und Behandlungszentrum für Vergiftungen des Saarlandes www.uniklinikum-saarland.de/de/einrichtungen/andere/giftzentrale Telefon 06841 19240
Mecklenburg-Vorpommern, Sachsen, Sachsen-Anhalt und Thüringen:	GGIZ Gemeinsames Giftinformationszentrum der Länder Mecklenburg-Vorpommern, Sachsen, Sachsen-Anhalt und Thüringen in Erfurt www.ggiz-erfurt.de Telefon 0361 730730
Österreich und Schweiz:	Wien: Vergiftungsinformationszentrale, Allgemeines Krankenhaus Wien Telefon: 0043 (0) 14064343 Zürich: Schweizerisches Toxikologisches Informationszentrum Telefon: 0041 (0) 12515151
Weltweit:	World directory of poisons centres (Yellow Tox) www.who.int/ipcs/poisons/centre/directory/en

Register

Rezeptverzeichnis

Bildquellen

Illustrationen Umschlag und Innenteil: Daniel Stieglitz
Umschlagfoto: Christine Schneider

Becker, Peter: S. 52 u.; Botanikfoto/Steffen Hauser: S. 51, 52 o., 65; Christian Pedant – fotolia.com: S. 12; emer – fotolia.com: S. 74, 79; Ervin Monn – fotolia.com: S. 70; Hallgerd – fotolia.com: S. 27 2.v.u.; Hecker, Frank: S. 115, 26 m., 26 u., 28 2.v.u., 28 u., 29 m., 41, 46, 47, 49, 50 l., 50 r., 55, 61, 64 o., 72, 73, 77, 78, 80, 81, 83, 91, 95; HLPhoto – fotolia.com: S. 76; imago/Reinhard Kurzendörfer: S. 27 o.; iStockhoto/esemelwe: S. 71; iStockphoto/Alessandro Zocchi: S. 15; iStockphoto/antikainen: S. 30; iStockphoto/Bart Coenders: S. 23; iStockphoto/BasieB: S. 58; iStockphoto/Ina Peters: S. 44; iStockphoto/Jack Puccio: S. 60; iStockphoto/Jolanta Dabrowska: S. 86; iStockphoto/Jowita Stachowiak: S. 121; iStockphoto/Lilyana Vynogradova: S. 117; iStockphoto/magdasmith: S. 87; iStockphoto/maria bacarella: S. 48; iStockphoto/Michaël Drapeau: S. 59; iStockphoto/micmayhew: S. 18; iStockphoto/Mike Dabell: S. 29 u.; iStockphoto/Nadejda Reid: S. 13; iStockphoto/peart: S. 4/5; iStockphoto/Piotr abicki: S. 7; iStockphoto/Sergey Chushkin: S. 62; iStockphoto/Vitalina Rybakova: S. 84; mauritius images/CuboImages: S. 28 2.v.o., 54, 69; mauritius images/David & Micha Sheldon: S. 118/119; mauritius images/dieKleinert: S. 42, 66 o.; mauritius images/Food and Drink: S. 107; mauritius images/FreshFood: S. 103, 31; mauritius images/Garden Picture Library: S. 96, 28 o., 75, 85, 94, 98 l.; mauritius images/Hans Reinhard: S. 82 r.; mauritius images/Harpur Garden Images: S. 39; mauritius images/Harry Walker: S. 19; mauritius images/Hiroshi Higuchi: S. 10/11; mauritius images/imagebroker/Birgit Koch: S. 29 o.; mauritius images/imagebroker/Bob Gibbons/FLPA: S. 27 u.; mauritius images/Minden Pictures: S. 34; mauritius images/Raimund Linke: S. 16, 20/21; mauritius images/Rainer Mirau: S. 35; mauritius images/STOCK4B: S. 8; mauritius images/Westend61: S. 104; nt – fotolia.com: S. 26 o.; petrabarz – fotolia.com: S. 105; Pitopia/Heike Rau: S. 66 u.; Schneider, Christine: S. 14, 38, 40, 82 l.; Spohn, Roland: S. 92, 93; Stockfood/Eising Studio – Food Photo & Video: S. 116; Stockfood/Lehmann, Herbert: S. 100/101; Stockfood/Newedel, Karl: S. 114; Stockfood/Strauß, Friedrich: S. 109, 110; Stockfood/Winkelmann Bernhard: S. 113; suerob – fotolia.com: S. 88; unpict – fotolia.com: S. 89; Vetter, Ina: S. 32/33, 53, 56, 64 u., 90; Volk, Fridhelm: S. 9; Zoonar/Alfred Schauhuber: S. 68; Zoonar/Chi: S. 102; Zoonar/fmf: S. 36, 37; Zoonar/Heinz-Dieter Falkenstein: S. 27 2.v.o.; Zoonar/Helma Spona: S. 67; Zoonar/Himmelhuber: S. 97, 98 r., 99; Zoonar/Joerg Hemmer: S. 25; Zoonar/moro P: S. 43; Zoonar/Naturfoto-Online Stefan Ernst: S. 45; Zoonar/O. Diez: S. 63; Zoonar/Tini: S. 57

Dank

Infos und Rezepte zum Indischen Springkraut und Japanischen Knöterich steuerte Peter Becker (www.newtritionink.de) zu diesem Buch bei. Vielen Dank!

Haftungsausschluss

Autorin und Verlag bemühen sich um aktuelle, richtige und zuverlässige Angaben. Fehler können jedoch nicht vollständig ausgeschlossen werden. Eine Garantie für die Richtigkeit der Angaben kann daher nicht gegeben werden. Haftung für Schäden und Unfälle wird aus keinem Rechtsgrund übernommen

Bibliografische Information der Deutschen Nationalbibliothek

Die Deutsche Nationalbibliothek verzeichnet diese Publikation in der Deutschen Nationalbibliografie; detaillierte bibliografische Daten sind im Internet über http://dnb.d-nb.de abrufbar.

Wollgrasweg 41, 70599 Stuttgart (Hohenheim)
E-Mail: info@ulmer.de
Internet: www.ulmer.de
Lektorat: Ina Vetter
Innenlayout und dtp: Atelier Reichert, Stuttgart
Umschlagentwurf: Freiraum K, Karen Neumeister, Stuttgart
Reproduktion: Medienfabrik, Stuttgart
Druck und Bindung: Offizin Andersen Nexö, Zwenkau
Printed in Germany

ISBN 978-3-8001-7735-6